中央高校基本科研业务费专项资金资助出版

Supported by the Fundamental Research Funds for the Central Universities

高新技术转化为技术标准的潜力分析及运行机制研究

信春华 著

中国时代经济出版社

图书在版编目（CIP）数据

高新技术转化为技术标准的潜力分析及运行机制研究
／信春华著. — 北京：中国时代经济出版社，2011. 11
　　ISBN 978 - 7 - 5119 - 0985 - 5

　　Ⅰ. ①高… Ⅱ. ①信… Ⅲ. ①高技术 - 技术标准 - 研
究 Ⅳ. ①TB②G307

中国版本图书馆 CIP 数据核字（2011）第 227227 号

书　　　名：高新技术转化为技术标准的潜力分析及运行机制研究
作　　　者：信春华

出版发行：中国时代经济出版社
社　　址：北京市丰台区玉林里 25 号楼
邮政编码：100069
发行热线：（010）83910203
传　　真：（010）83910203
网　　址：www. cmepub. com. cn
电子信箱：zgsdjj@ hotmail. com
经　　销：各地新华书店
印　　刷：三河市腾飞印务有限公司
开　　本：880×1230　1/32
字　　数：21 千字
印　　张：9. 25
版　　次：2011 年 11 月第 1 版
印　　次：2011 年 11 月第 1 次印刷
书　　号：ISBN 978 - 7 - 5119 - 0985 - 5
定　　价：35. 00 元

前　言

　　在以知识经济、网络经济为主的今天，标准化已经渗透到现代科技发展的前沿，在技术专利基础上创立技术标准，进而引导产业发展，谋求超额利润正成为发达国家和行业领先企业的竞争利器。20 世纪 90 年代以来，高技术企业开始倾向于紧密协作，围绕核心技术建立技术标准联盟，共同开发技术并支持其成为标准。高新技术标准具有路径依赖、技术锁定、报酬递增和显著的生产规模效应等特点，对产业的发展具有极强的号召力和牵引力，能够带动一个以自主核心技术为基础的庞大产业群体的发展。掌握了标准的制定权就赢得了市场的主动权，占据了产业竞争的制高点。

　　高新技术转化为技术标准不仅是知识经济时代标准化的一大特征，也是未来社会发展的焦点之一。面向高新技术，制定出符合高新技术及其产业发展的新标准成为亟须解决的关键问题。由于传统标准化的性质和高新技术的特点，理论界和产业界均把二者视为不相关的独立个体，没有把二者联系起来考虑。当前出现的技术标准专利化趋势，使得二者协同发展的要求十分迫切，而我国现有的标准化体制机制主要是针对传统产业发展制定的。针对我国高新技术企业研发能力不足，研发和生产脱节，科技成果转化率低的现实情况，亟须研究适应经济全球化要求的新型高新技术转化为技术标准的运行机制，以满足新时期国际竞争的需要。因此，系统而深入地研究我国高新技术转化为技术标准的潜力分析及运行机制是很有意义的。

本书借鉴模糊数学、博弈论、网络经济学、新制度经济学、技术经济学和现代管理学的理论与方法，较为系统深入地研究了高新技术转化为技术标准的潜力及运行机制。运用模糊综合评价模型和 SWOT 分析方法对高新技术转化为技术标准的潜力大小进行评价，并对相应的转化策略进行分析；运用系统理论、斯特克尔伯格博弈模型、网络经济学和激励理论研究了促进我国高新技术转化为技术标准发展的动力因素和动力机制；运用知识管理理论、学习型组织理论、市场营销、新制度经济学等理论与方法，阐述我国高新技术转化为技术标准的运行机制。主要研究内容及结论如下：

（1）为了更好地确定重点支持的高新技术转化为技术标准项目，需要科学的高新技术转化为技术标准潜力的评价标准和评价方法。为此，本书把 SWOT 分析方法引入高新技术转化为技术标准的潜力评价，借鉴 SWOT 分析的思想，构建了高新技术转化为技术标准潜力评价的竞争性指标体系，并建立了高新技术转化为技术标准潜力评价的模糊综合评价模型，进行基于 SWOT 的高新技术转化为技术标准策略分析。实证结果表明，基于 SWOT 的高新技术转化为技术标准潜力评价模型方法及策略分析，能够科学合理地对高新技术转化为技术标准的潜力大小作出定量评价，为实行不同的转化策略提供定量依据，从而可以更好地确定需要重点支持的高新技术转化为技术标准项目，具有科学合理性和可操作性。

（2）从国际趋势来看，高新技术转化为技术标准应该采用企业主导模式。为此，本书首先界定了高新技术转化为技术标准的主体，包括企业主体和合作网络主体。然后，对高新技术转化为技术标准的动力因素进行系统分析，揭示了高新技术标准化发展的动力因素，包括利益驱动力、市场需求拉动力、市场竞争压力、科学技术推动力、平台支持力以及消费者价值保障力等；同时，受到国际标准竞争、宏观经济发展水平和社会文化环境等宏观环境要素的影响。

（3）通过建立高新技术转化为技术标准的内部动力模型，运用斯特克尔伯格博弈模型和网络经济学定量分析了企业主体把高新技术转化为技术标准的内在动力以及联盟的动力，得出企业在利益的驱动下，有把高新技术转化为技术标准的内在动力；为了尽快达到临界容量利用正反馈效应，同时，为了减少高新技术转化为技术标准过程中的风险，企业之间有联盟进行技术标准化的动力。

（4）在对高新技术转化为技术标准动力机制运作机理分析的基础上，给出了高新技术转化为技术标准的动力机制：在环境因素的作用和影响下，来自于市场的需求拉引力、竞争压力和来自于科学技术的推动力以及来自于政府及其他组织的支持力，都将直接或间接地转化为企业利益驱动力，成为高新技术转化为技术标准的动力源泉；高新技术转化为技术标准给消费者带来的价值则最终保障着企业高新技术转化为技术标准活动的顺利进行。而成功的标准确立扩散活动又反作用于技术、市场、政府、环境，激发出新的创新需求。

（5）我国高新技术转化为技术标准应选择联盟标准化的模

式。通过对技术标准联盟的特性、高新技术的特性、国外标准化模式经验和实现我国国际标准竞争策略几个方面的分析得出，建立起基于企业联盟的高新技术联盟标准化运行机制，是中国比较现实的选择。高新技术联盟标准化的总体运行机制模式中包括联盟构建、联盟学习机制、联盟竞争策略、组织机制、沟通协调机制和利润分配机制等具体机制。

（6）高新技术转化为技术标准联盟是动态发展的，应采用分阶段构建的方法。从产业演化的角度，把高新技术转化为技术标准联盟分为标准研发联盟、标准产品化联盟和标准产业化联盟三个阶段。标准化发展的阶段不同，工作重点不同，相应所需的联盟成员能力也不同。为此，本书建立了联盟伙伴选择的分层互动模型，给出了高新技术转化为技术标准联盟构建的步骤流程和初选模式，分阶段设计了高新技术转化为技术标准联盟成员评价的指标体系，来解决联盟伙伴选择的问题。

（7）为了使技术标准尽快形成实现，高新技术转化为技术标准联盟需要建立知识学习机制。联盟标准的形成、实现和扩散过程本质上是一个基于知识累积的持续学习过程。从知识管理视角研究技术标准联盟的学习过程，可以把联盟标准化的过程总结为：知识获取—知识共享—知识整合—知识创新—形成标准；给出了技术标准联盟的学习机制模型：在知识资源共享的平台上，在学习机制影响因素的作用下，通过知识管理视角的技术标准联盟学习过程，实现联盟标准的确立扩散。从学习机制的影响因素入手，探讨了实现学习机制有效运行的策略。

（8）为了使制定的标准尽快得到市场认可，并被广泛应用，高新技术转化为技术标准联盟需要实施竞争策略。本书认为具体的竞争策略应包括快速反应策略、知识产权策略（包括标准形成过程中和扩散过程中的知识产权策略）和标准营销策略（包括定价、渠道、促销、品牌、预期管理和锁定策略）。

全书共分为9章：第1章主要介绍高新技术转化为技术标准研究的目的与意义，总结了国内外研究高新技术标准化的相关文献；第2章概述了高新技术转化为技术标准研究中的各种概念、基础理论，为全书的后续研究奠定基础；第3章构建高新技术转化为技术标准潜力评价的指标体系和模糊综合评价模型，进行基于SWOT的高新技术转化为技术标准策略分析，并进行实证分析；第4章分析了高新技术转化为技术标准的动力主体、动力要素，给出了各个利益相关者共同推进技术标准化的总体动力机制；第5章分析了我国高新技术转化为技术标准选择联盟标准化的必要性与可行性，建立了高新技术联盟标准化的总体运行机制框架；第6章探讨了高新技术转化为技术标准联盟分阶段构建的原因，给出了高新技术转化为技术标准动态联盟的构建方法；第7章从知识管理视角研究技术标准联盟学习过程，给出了技术标准联盟学习机制模型和实现学习机制有效运行的策略；第8章从快速反应策略、知识产权策略和标准营销策略几个方面分析了高新技术转化为技术标准联盟的竞争策略；第9章作出主要结论，对研究中存在的问题以及以后进一步工作内容提出建议。

本书的研究结论，只是笔者研究的初步结果，还需要在标准化的实践中反复验证和完善。笔者虽然主持和参加了多项国家级和省部级的标准化科研课题，但对于高新技术转化为技术标准研究这样重大的课题，还是深感有相当的难度和挑战性。在本书撰写过程中，得到了中国矿业大学（北京）管理学院副院长、博士生导师丁日佳教授的精心指导，得到了中央高校基本科研业务费专项资金资助，一些学术界的朋友及实业界的同行也为本书提供了大量的资料，使此研究工作建立在坚实的基础之上，在此表示衷心的感谢。

尽管在研究和写作过程中尽心尽力，力求论述清楚、分析透彻，但由于高新技术标准化方面的研究还处于初期阶段，加之个人能力和水平有限，书中不足和疏漏之处在所难免，恳请读者批评指正。

信春华

2011 年 10 月于北京

目 录

第1章 绪 论

1.1 研究的背景和意义

1.1.1 研究的背景

在以知识经济、网络经济为主的今天，技术标准的竞争已经逐渐成为企业全球化非常重要的手段。掌握了标准的制定权就赢得了市场的主动权，占据了产业竞争的制高点。因为标准的作用不仅体现在降低交易费用，扩大市场交易的范围，而且能够大大提升企业乃至产业的国际竞争力，实现规模经济效应。因此，标准化正在成为新的技术——经济范式的"催化剂"，构成了一种特殊的技术经济形态和范畴，它是以先进技术指标作为全面衡量产品、贸易、服务、管理的统一质量认证系统的现代产业经济，是现代科技与发达市场经济融合的产物，对整个经济增长和产业结构提升起着越来越大的指导和推动作用。标准化是培育市场的前导，标准决定了更多产业链的路径和利益分配，标准化管理是对外贸易和跨国经营的"技术外交"手段，标准是双方谈判的基础，是进行国际贸易的共同语言。因此，近年来，各国都纷纷把标准化战略作为产品参与市场竞争，国家参与国际竞争和体现本国经济战略的突破点。各企业都致力于把自己的技术变成主流的技术，把自己的知识变成主流的知识，并想尽办法使得自己的技术体系能够在市场竞争中效益最大化。其中积极参与标准制定工作就成为使得自己的技术成为主流技术并争取技术效益最大化的一个首选。

随着各国标准化战略的实施，标准之争已经从企业层面上升到国家战略高度，标准化工作越来越显示出它在提高企业乃至国家竞争力和保护国家利益方面不可替代的重要作用[1][2]。在高新技术领域，由于技术标准的制定是以该领域不断更新的科学技术为依托，而专利技术正是代表着科学技术发展的最新水平，因此，技术标准和专利技术日益亲近，手牵手走在一起来了[3]。发达国家和垄断企业通过将知识产权和标准体系糅合在一起，占据了高科技各个产业的发言权，制定有利于自己的标准体系，维护有利于自己的标准秩序[4]。

世界各国，尤其是发达国家的标准国际战略对我国的国际利益、企业的生存与发展构成的威胁，早已引起我国政府的高度重视。在 2001 年 2 月 28 日，朱镕基总理在国家科教领导小组第十次会议上的讲话中指出："要尽快完善国家技术标准体系，改变中国标准化建设滞后，特别是高新技术领域标准受制于人的状况，用高新技术标准推动经济结构调整、产业升级和对外经济贸易的发展"（科技日报，2001 - 12 - 29，第 1 版）。胡锦涛总书记在建设创新型国家的重要讲话中明确指出："要加强重要技术标准制定的指导和协调。"温家宝总理在 2006 年的政府工作报告中也明确要求，要"形成一批拥有自主知识产权的技术、产品和标准"、"要抓紧制定和完善各行业节能、节水、节地、节材标准"。

建设创新型国家和建设资源节约型、环境友好型社会和和谐社会对标准的要求日益强烈，《国民经济和社会发展第十一个五年规划纲要》和《国家中长期科学和技术发展规划纲要》中均把标准化工作放到了重要位置，作出了具体部署。人大副委员长蒋正华说："技术标准已不单是技术问题，而是事关国家经济发展的战略性问题，政府要关注，全社会都应该重视。"[5] 可见，标准及标准化已被推向国际市场竞争的前沿，标准和标准化问题已经上升到国家战略的高度，已经成为新形势下政府和企业面临的重要课题之一。

1.1.2 研究的意义

1. 高新技术转化为技术标准的必要性和意义

在系统产品成为主流的信息技术时代，由组件组成的系统产品无处不在。如 DVD 和碟片、计算机的硬件和软件、驱动器和控制卡等。一个系统产品是由分布在不同地域的不同制造商用不同的生产和商业模式制造出来的。所以兼容问题成为系统产品的关键，当某公司出售一个系统产品中的一种组件时，如果与其他部分不兼容，根本无法参与竞争。对网络特征明显的产品，它的价值和成本还取决于其他产品或兼容组件，如小型磁盘与播放器、操作系统与计算机。所以，标准化在确保信息系统的可互操作性和可连通性方面正变得日益重要。高新技术及其产业要在激烈的国际竞争中取得成功，就必须依靠标准化达到通用、兼容、可靠性和系统性等目的，即高新技术产品在商业化、产业化的国际竞争中必须要在通用、兼容、可靠性和产品系列等方面借助于标准化。

在高新技术领域，正是因为产品间的相互依赖度很高，从而产品间能否兼容被视为是企业的生命。于是，标准就占有更为重要的地位，因为只要某企业拥有标准，其他厂商的产品一律与其产品兼容，就会处于市场主导者的地位。微软公司和英特尔公司凭借建立事实行业标准所形成的垄断，使这两家公司的市场价值之和超过 4000 亿美元，就充分说明了技术标准对企业的重要意义。

高新技术领域的技术开发及其成果的普及要在短时间内实现，并获得市场，在商品化的同时实现标准化是极其重要的。因为，专利影响的只是一个或若干个企业，标准影响的却是一个产业。在传统产业里，产品与专利往往是一对一的关系，即研制开发出一个产品，形成一个专利。因此，一个产品所能形成的专利技术十分有限。而在高科技领域，一个技术标准往往决定一个行业的技术路线，它所形成的技术思想，不但能够形成成千上万项专利技术，而且影响相关行业，使后来者只得沿着这条技术路线走下去。在过去，产业演进的路径按照"产品化—标准化—产业生态"的发展阶段演进。今天产业演进更多地按照"标准化—产品化—产业生态"路径演进。一个产业的诞生往往以标准制定为前提，标准决定产业发展和利益分配，即"产业未兴，标准先行"。

高新技术若能转化为技术标准，不仅能够使科技成果实现增值，而且能使得科技成果的贡献作用倍增。把高新技术转化为技术标准，可以在科技成果转化与推广应用过程中降低技术标准的研制成本、二次开发和转化成本；开发出的新产品能很容易达到国际先进标准规定的技术要求，又能以优于国内或国际标准的先进指标赢得市场；极大地缩短科技成果商品化、产业化周期，缩短产品开发与制造周期，从而实现经济增值；把高新技术转化为技术标准能够为下一代新产品的开发准备技术条件，使企业能在较短的时间内不断地推出新产品，保持其市场竞争优势。

把高新技术转化为技术标准后，能够使得科技成果的贡献作用倍增。首先，它会成为企业全体员工的共有知识，成为企业的心智资源，提高全体员工的科技文化素质和企业的科技实力，从而提高企业的经济效益；然后，通过技术标准的形式，将科技成果扩散到整个产业，提升整个产业的技术水平，促进产业结构调整、升级，增加整个产业的经济效益；最后，在整个国家推广应用，增强整个国家的科技实力，从而使科技成果的贡献作用成倍地增长。因此，技术标准应该成为专利和科技成果的最高表现形式。

同时，以先进科技成果为支撑的技术标准显现出的经济效益和社会效果所产生的示范效应，反过来会刺激科技成果需求的增加，从而带动研发活动的进一步发展。

因而，标准化对未来社会与生产发展的宏观调节与微观控制的作用，必将超过以往任何一个时代，而进入一个更加悠关的重要时期。面向高新技术，制定出符合高新技术及其产业发展的新标准成为亟须解决的关键问题。同时，在标准化的管理手段上，也应采用新技术管理方法来管理具有高技术含量的硬件、软件、生产、服务等过程的标准化工作。因而高新技术转化为技术标准不仅是知识经济时代标准化的一大特征，也是未来社会发展的焦点之一。

2. 本书研究的意义

随着我国产品价格优势的逐步下降，未来竞争将主要依赖研发、创新与知识产权。所以，从企业主体和产业协作等多层面加大研究与开发力度，增强自主创新能力，保护和利用知识产权，提高我国技术标准化水平和主导重要国际标准的能力已是当务之急，也是一项长期的战略任务。

随着高科技产业技术发展进一步复杂化，世界将从简单标准时代开始向复杂标准时代过渡。从公共利益、经济利益、政治利益和技术利益角度，我国都应该参与高新技术全球标准制定。但是现有的标准化体制机制主要是针对传统产业发展制定的，已明显不能适应新形势的需要。因此需要研究适应经济全球化要求的新型高新技术标准化运行机制，以满足新时期国际竞争的需要。

我国国际标准竞争策略课题组根据我国经济、技术实力和国情，选择了"重点突破型"国际标准竞争策略。重点突破是指有重点地选择我国优势领域和特色产业，争取参与国际标准化活动的有利地位，使国际标准更多地反映我国技术要求，确保我国重点领域和特色产业在国际市场竞争中抢占战略制高点。而实现此战略目标的标志之一就是：形成科技开发、技术标准研制和国际贸易一体化的国际标准攻坚体系。重点培育国家科技兴贸战略确定的重点高新技术企业，使它们形成高新技术产业群、技术标准体系和国际贸易一体化的国际标准攻坚体系，使我国在实质参与国际标准和事实上的国际标准制定、实力主导国际标准制定方面成为"攻坚团队"。为了实现此战略目标，首先需要对我国的高科技成果转化技术标准的潜力进行科学评价，才能确定重点支持的高新技术企业，才有可能使它们形成高新技术产业群、技术标准体系和国际贸易一体化的国际标准"攻坚团队"。

当今世界已经进入知识经济时代，理论研究是支持和促进标准化事业和经济发展的重要基础；高新技术转化为技术标准是一项涉及包括企业、政府部门和第三部门（如协会、科研院所和消费者组织等）在内的相关利益方的复杂经济活动，为了推动我国的高新技术转化为技术标准，促进经济社会发展和提高国际竞争力，需要从理论高度系统研究高新技术转化为技术标准的潜力及运行机制。

因此，研究高新技术转化为技术标准的潜力评价及运行机制具有很大的理论及实践意义。

1.2 国内外相关研究综述

高新技术转化为技术标准的潜力评价及运行机制研究是一项系统工程，它同时涉及标准化学科、经济学科和管理学科，而标准化学科本身还是一门不十分成熟的新学科[6]，而且还是一门正在兴起的与众多学科有关的边缘学科[7]。因此，高新技术转化为技术标准的潜力评价及运行机制研究难度较大。尽管如此，西方国家的许多学者，特别是经济学家从经济学的角度对标准及标准化问题进行了许多有益的探索，并取得了一些有益的成果。而国内几乎还没有人系统研究高新技术转化为技术标准的潜力评价及运行机制。

1.2.1 国外研究现状

国外与高新技术转化为技术标准的潜力分析及运行机制有关

的研究成果主要有：

1. 标准、竞争和革新之间的关系研究

由于在许多市场，网络外部性和市场份额成为公司价值的来源，在以标准为基础的工业中，竞争的基础不同于传统的市场，标准与竞争和革新之间的关系吸引了许多经济学家和革新研究者对此进行深入的研究。统计表明，公开发表的这方面的文献是最多的。基本的结论是，标准有时能够促进革新，有时也会阻碍革新，总的来说标准对革新的促进作用超过阻碍作用。

Gregory Tassey 认为在现代经济中，标准构成普遍的基础设施。以设计为基础的标准（Design - based Standards）比性能为基础的标准更多地阻碍革新。性能为基础的标准允许在产品和服务设计时有更多的弹性，能够更有效率[8]。

Robert H，Allen，Ram D，Sriram 从制造、计算机硬件、机械组件设计和产品数据交换 4 个不同领域的案例研究着手，探讨了革新与标准的关系。基本结论是，标准来源于革新的技术，标准也直接或间接地促进革新，标准对革新的正面影响超过其负面作用，标准是发展中的技术和先进技术的主要因素，保证了新产品的性能和过程的一致性[9]。

Paul A，David W，Edward steinmueller 认为，尽管标准能够阻碍革新，增加变革的阻力。但是它可以将积累的技术经验编码化和形成新技术出现所需的平台，从而直接促进革新。标准也可以间接地促进革新，因为它增加了全球竞争力[10]。

在以标准为基础的高新技术领域，有一种冒尖（Tipping）的趋势，即迅速出现一个单一标准的情况。如 IBM 兼容 PC 机标准和 VHS 录像机标准。一旦这种情况发生，公司之间的竞争就从不同的标准之间的竞争（Mac 对 Pc）转向同一个标准下的公司之间的竞争（Compaq 和 Dell）。

在一般人的印象中，标准化阻碍革新，可是没有任何证据。Allen 和 Sriran 2000 通过 4 个历史案例证明了标准化在革新中的矛盾作用，但是缺乏更为广泛的经验证据。而德国的经验研究证明，标准化对技术变化和革新有一个积极的而不是负面的影响，标准不会对革新构成严重障碍，但也不能证明标准化对部门和公司的革新活动有强烈的正面影响。

2. 标准的制定与选择研究

标准是一种结构，这一结构出自合理的、集体的选择以及对重复问题的解决办法取得一致意见的选择。标准可以看做为在用户要求、技术可能性、生产商的联合成本、社会利益和政府施加的约束之间达成的平衡[11]。

标准是网络工业的基础，因为在网络工业中存在网络效应和正反馈，用户都希望购买已经或将会成为标准的网络，希望加入安装基础大的网络，使自己的技术或产品成为标准是厂商追求的目标，如果无法成为标准，厂商将退而求其次，试图将自己的产品实现与标准的兼容、互联或互补。因此，标准成为网络经济学研究的重要课题，网络效应理论成为解释正式标准化的最重要的工具[12][13]。将网络效应概念用于标准选择的经济学家主要有：Farell and Saloner（1988）、Katz and Shairo（1985）、Besen and Farell（1994）、Liebowitz and Margolis（1996）。

Farrell and Saloner（1988），采用博弈论分析比较了三种标准化制度：标准化委员会、市场领导、委员会和市场领导相混合（Hybrid）的方法。他们证明，从厂商单方面行动到标准化委员会再到混合方法，厂商进行标准化的概率依次增加。委员会达成共识的时间比市场机制所需要的时间要长，但协调的效果可能更好。混合方法比单纯的委员会过程要好，这是因为在任何时候都有其他备用的选择使得各方更容易达成共识。并对何时由市场自行解决、何时由委员会解决给出了政策建议[14]。

Weiss and Sibru（1990）发现，原先就支持最终标准的企业联盟与原先不支持最终标准的企业联盟有很大差异。他们进而认为，在网络效应明显的市场中，标准拟订委员会已经成为企业进行市场导向的产品开发整体过程的一部分。

Frank Vercoulen and Marc van Wegberg 在对动态、复杂工业中的标准选择模式的影响因素（模块系统、动态性和复杂性）分析的基础上，得出了在动态、复杂工业中公司的标准选择模式是混合模式。因为动态和复杂性对标准选择的要求是矛盾的，前者要求速度，后者要求协调[15]。

Bernadette M. Byrne and Paul A. Golder 指出，在 20 世纪 80 年代，传统的标准发展组织正在向创造预期标准（Anticipatory Standards）的方向转变，为了适应在计算机工业中快速增长的技术，预期标准的发展被看做为正式标准组织与这种迅速变化保持同步的一种可能的方法。通过创造领先于技术的预期标准，标准可以担当变化因素的角色，指导市场。如果想要指导未来的技术，必须快速地发展预期标准，否则次优的标准可能会流行或者是网关和转换器的使用将导致没有全球模式的标准形成[16]。

Thomas A. Hemphill 在其博士论文中，通过多案例研究方法，模拟了美国 3G 无线数字通信标准的发展，研究了在标准化发展过程中存在竞争性的技术情况下，电信工业组织间的战略合作问题[17]。

Dr. Tim Weitzel 研究了网络效应条件下标准化的成本与效益。他认为标准化的效益是：改善了双方之间的关系、更少的信息成本、更少的转换和摩擦成本、更多的战略利益；标准化的成本是：执行和运营成本、技术和组织整合成本、协调成本、控制成本。

Falk v. Westarp, Tim Weitzel, Peter Buxmann and Wolfgang Konigd 进行的"信息网络标准经济学"的研究，集中调查了可能的协调形式和它们对选择通信标准的影响。得出的结论为：集中协调标准化决策最好地描述了企业或联合企业内部的情况[18]。

最近几年，标准化的背景在迅速改变。商业全球化、不断缩短的产品周期、商业的流动性和集中、电子商务的发展，所有这些都对标准系统产生着影响。为了适应这些压力，标准化的要求也迅速改变，不仅仅是更多的标准被更快地生产出来，而且标准制度也在改变。在过去的 10 年中，为了寻求更快、更灵活的标准化，私人标准发展组织的数量和范围迅速增加，对工业产生了广泛的影响[19]。如今，除了国际标准化组织以外，高新技术领域新出现了许多产业联盟的标准组织，如欧洲数字电视广播联盟、美国数字电视、第三代协作项目组织Ⅱ等，专利权人联合共同制定产业标准，将知识产权纳入标准之中。美国的 Timothy. Duncan. Schoechle 博士专门研究了标准化工作的私营化发展，从公共政策的角度研究了企业协议集团（联盟）标准的建立过程及这一趋势引发的重大公共策略问题[20]。

3. 标准与知识产权方面的研究

随着知识经济时代的来临，知识产权的重要性日益增加，知识产权的作用也处在不断变化的过程中。为了应付日益激烈的竞争以及更加显著的以合作为导向的研发，申请专利日益成为具有战略性的问题。就标准本身而言，以往它只是人们在经济活动中的一般准则，不具备任何垄断的特征。当人们把它与专利权捆绑后，标准成为专利的载体，成为一种以专利技术为依托的市场垄断工具。"技术专利化—专利标准化—标准许可化"已经成为标准运作的主要形式。跨国企业成功地将以专利权为主的知识产权嵌入到技术标准中，通过运作标准达到出售技术的目的，成为超一流企业。如今，"知识产权雷区"的问题越来越明显，这是标准绕不过去的问题。为此，许多学者官员开始关注标准中的知识产权问题。

日本工业标准研究部部长 Toru Yamauchi 发表声明，说日本关心知识产权的成本，指出现行的合理非歧视原则作用有限[21]。

Knut Blind，Nikolaus Thumm 基于欧洲的小样本，首次分析了知识产权保护战略和与其对加入正式标准化过程可能性之间的关系。统计分析结果表明，企业专利强度越高，参加标准化过程的可能性越小[22]。

Blind K. 认为国家制度特征包括保护革新权的法律框架（如专利制度）和统一产品或过程特性的正式平台（如国家标准化组织）。技术标准（尤其是国家标准）是一个国家革新能力的指标。产品和过程标准的国家系统代表了一个国家的革新能力和竞争力，它可以提高产品质量的认知度，从而提高竞争力。也可以带来贸易优势。一般来说,技术标准是公共品。事实标准可以被知识产权保护,原则上,每一个人都可以使用由国家标准化组织出版的被法定标准描述的技术特性[23]。

4. 技术标准联盟方面的研究

对于技术标准联盟的研究,Thomas Keil(2002)认为市场上几个企业结成联盟,形成标准制定机构或者可以对标准的制定产生巨大的影响[24]。

Katz and Shapiro(1985)[25],Farrell,Josephand Saloner(1986)[26]认为,只有实力相当强的公司才有可能利用自身的市场实力独立创立一个可以通用的技术标准,否则就会选择以显性或隐性的方式参与技术标准联盟。

Farrell,Gallin(1988)认为,在一个隐性技术标准联盟中,技术标准发起公司为了吸引其他公司采用自己的技术标准,会以低使用费或者零使用费发给他们专门技术特许使用权[27]。

Saloner(1990)认为,为了发起和确立技术标准,许多公司越来越热衷于加入一个或多个技术标准战略联盟[28]。

5. 标准竞争与策略方面的研究

关于技术标准竞争较为权威的论述来自美国经济学家 Carl Shapiro 和 Hal Varian,他们指出:"当两种新的不兼容技术相互争斗都想成为事实上的标准时,就说它们在进行标准竞争。"根据新技术与现有技术的兼容程度对标准竞争进行分类,他们将技术标准竞争分为竞争渐进(Rival Evolution)、渐进对革命(Evolution versus Revolution)、革命对渐进(Revolution versus Evolution)

及竞争革命（Rival Revolution）四种类型，并进一步指出了在标准竞争中的七种关键资产：对用户安装基础的控制、知识产权、创新能力、先发优势、生产能力、互补产品的力量以及品牌和声誉。此外，他们具体分析了企业可以采取的标准竞争战略：①先发制人；②渗透定价；③预期管理；④争取联盟。认为企业在建立标准联盟时，需要牢牢记住自己需要获得的竞争优势，其中包括市场先发优势、制造成本优势、品牌优势和性能改进优势[29]。

其他学者的建议和研究结果在此基础上有了不同的发展和侧重。比如，Hill强调用户安装基础的重要性，主张依靠授权、战略联盟、渗透定价以及配套产品分散化经营来建立用户基础（Hill，1997）；阿诺德·哈克斯对波特的理论进行了补充，提出了三类新的标准竞争策略：最佳产品策略、客户解决方案策略和锁定策略[30]。国内的很多研究都是基于他们的研究成果进行相关领域的研究拓展。

综上所述，西方国家，尤其是美国、德国和英国在标准及标准化的运行机制研究领域已经取得了可喜的成绩，这些国家和地区的标准化工作也走在了世界的前列。因此，标准及标准化为西方国家创造了可观的社会经济效益。

1.2.2 国内研究现状

我国标准化的学术研究起步较晚，国内从经济管理角度讨论标准问题的相关研究文献，少量散见于标准化的书籍[31]，大量地出现在各种学术期刊上。

1. 发展标准化的战略、策略建议方面的研究

随着主要发达国家和一些发展中国家开始制定本国的标准发

展战略和相关政策，我国开始重视标准化工作，期刊上相应的出现了许多发展标准化的战略、策略建议方面的文章。

彭北青指出国家应全面认识实施标准战略目的和任务的重要性，深入研究标准战略的理论和实践基础，在创建战略体系方面下大力气，完成我国在抢占国际标准和规范发展制高点的历史使命，以应对历史发展机遇期的各种挑战[31]。

叶林威介绍了企业实施技术标准战略的几种典型模式，标准形成初期的技术战略和标准形成后的技术战略[33]。

骆品亮等在构造一个产品格式标准竞争的均衡分析模型的基础上，分析了在某些条件下，克服原有标准的阻力建立新标准的可能性和应采取的策略[34]。

焦叔斌分析了标准竞争日益激化的原因，提出了应对标准竞争的措施[35]。

葛亚力从落后技术成为技术标准的范例入手，提出了技术落后企业实施技术标准战略的几种策略[36]。

曾楚宏分析了标准对市场竞争的重要作用，提出了成为标准控制者的四个有效策略：先发制人，影响消费者预期，组建战略联盟，取得政府支持[37]。

李太勇以近年来世界信息产业中发生的大量标准竞争案例为基础，分析了网络效应的特点，总结了标准竞争策略[38]。

还有一部分研究者专注于企业如何开展技术标准竞争的问题，焦点在于企业的技术标准战略。严清清、胡建绩认为，在高科技产业的竞争中，竞争战略最终体现在创造先动优势，强化差异化并阻止竞争对手发展市场权利以及锁定三种竞争态势上[39]。张德荣认为企业在考虑技术标准竞争中的市场策略问题时，指出如果企业选择与现有技术兼容，则成败关键在于如何利用现有技术标准的安装网络，如果企业选择与现有技术不兼容，则成败关键在于企业的技术是否卓越，推出标准的时机是否成熟[40]。钱春海和郑学信认为提高自身品牌的质量和声誉也是应该考虑的策略[41]。刘朝、龙舟认为技术标准竞争策略的选择最终要取决于同行业各个企业的技术标准战略，并对不同技术标准战略下的竞争策略选择进行了研究[42]。李波运用博弈论方法揭示了标准竞争的演化过程[43]。

关于技术标准竞争的研究还有不少是针对特定标准竞争的案例研究，如研究较多的高清电视及数字电视标准、移动通信系统标准等。在数字电视产业技术标准竞争中，美国是先竞争后合作的模式，企业之间通过竞争推动相关标准的技术达到先进，然后政府随后在经历了竞争之后的标准中选择优秀者确立为自己的国家标准参与国际竞争，而日本和欧洲采取的是先合作再竞争的模式，企业、研究所等在政府的带领下集中开发标准，然后再迅速占领市场，参与国际竞争[44]。与此相对比的是，在第二代移动通信系统竞争中，欧洲的 GSM 系统在全球竞争中打败了美国的 CDMA 系统，主要得益于欧洲市场在统一标准下迅速铺开，并且也得到中国市场的巨大份额，形成了巨大的用户基础[45]。从上面的例子可以看出，取得政府的支持是企业可以采取的非常重要的一种技术标准战略[46]。

2. 标准化与科研、知识产权关系及如何发展高新技术标准化方面的研究

DVD 事件后，人们对标准和知识产权的内在关系有了新的认

识：参照国际标准制定我国标准，或者直接采用国外标准，有可能导致我国产业界掉入国外的专利陷阱，以后试图跳出时都要付出巨大的代价。正因如此，我国开始强调要实质性参与国际标准化活动，要制定具有自主知识产权的国家标准，积极向国际标准化组织提交反映我国国家利益的国际标准提案。学术期刊上开始出现标准、专利和知识产权关系和如何发展我国具有自主知识产权标准的策略建议方面的研究。

张平在对国外现代技术标准知识产权战略研究基础上，总结出了技术标准的全球许可策略的实质就是知识产权的许可，技术标准的全球技术许可战略是一个高水准、高效率的知识产权管理战略。为了能达到"知己知彼，百战不殆"的境界，企业必须有一套自己关于"建标准"和"用标准"的定位和应对策略[47]。

王成昌在分析技术标准与知识产权关系的基础上，论述了技术标准战略与知识产权战略的关联与结合点；初步构建企业技术标准战略的理论体系，探讨了企业的标准定位、竞争及标准建立后的管理战略，并结合我国企业的实际，提出了我国企业标准战略选择[48]。

李键分析了当今世界技术标准发展的趋势和我国技术标准现状及与国外的主要差距，提出必须抓紧制定我国标准战略，大力加强高新技术标准化工作，提升我国高新技术产业的国际竞争力[49]。

韩灵丽认为标准已成为高新技术领域中竞争的标志，成为专利技术追求的最高法律形式，论述了如何通过标准法律制度的重建来推动我国在高新技术领域竞争中争取优势地位[50]。

李贵宝等从技术标准与科技研发相协调的内涵出发，着重分析了我国技术标准与科技研发协调的现实状况和存在的问题，指出应从科研立项、标准化法规政策的制修订、政府与企业的定期协商机制、成立标准联盟、建设技术标准示范基地与培训标准化人才等方面强化二者的协调发展[51]。

潘海波、金雪军探究技术标准和技术创新之间的协同演化发展。研究表明，技术创新带来的技术发展新特点推动了技术标准的发展；而技术标准的出现对技术创新起到了"双刃剑"的作用，既有利于技术创新，也在某些方面阻碍了技术创新[52]。

李玉剑、宣国良以 GSM 移动通讯标准为例，研究了标准与专利之间关系由冲突走向协调的演进过程，以及在其中发挥重要作用的 Motorola 公司专利战略[53]。

王黎萤、陈劲、杨幽红从实施技术标准战略的基础出发，探究技术标准、知识产权和技术创新三者之间的协同演化发展。指出市场导向、标准先行、利益平衡是技术标准、知识产权和技术创新三者协同发展的关键[54]。

李翕然、高晓红运用系统的观点，对研发、成果转化与技术标准研制之间的关系进行了研究，提出了研发，成果转化与技术标准研制系统的整体性、动态性、开放性、综合性、并行和协同原理，认为研发，成果转化和技术标准研制三者之间的关系必须是三位一体的关系，并对如何实现研发、成果转化与技术标准研制的一体化战略提出了政策建议[55]。

安伯生运用经济学的理论和方法，对国家标准化战略问题进行了探讨，明确了标准化与技术进步的关系，探讨了国家干预标准化的理论依据，考察标准化相关制度安排，并对中国国家标准化战略和相关政策提出建议[56]。

朱彤在其《网络效应经济理论——ICT 产业的市场结构、企业行为与公共政策》中涉及了网络效应市场兼容标准的重要性、网络效应、兼容性对标准化的影响等方面的内容；同时研究了与标准制定有关的公共政策问题：标准制定的反托拉斯问题和政府参与或直接制定标准产生的相关问题[57]。

3. 技术标准联盟方面的研究

由于技术标准联盟正在逐步成为一种重要的战略联盟形式，技术标准的竞争往往是相应联盟之间的竞争。尽管组建联盟是企业的重要标准竞争战略之一，但是专门针对技术标准联盟的研究还较缺乏。

代义华、张平围绕着技术标准联盟的内涵与特征、形成的原因以及如何利用等问题，对已有的一些研究进行简要介绍与评述，并指出了许多进一步值得研究的侧重面[58]。

李再扬、杨少华分析了 GSM（欧洲第二代移动通信标准）成功地成为在全世界占主导地位的移动通信标准的原因；指出技术标准联盟是解决知识产权和标准化矛盾的主要方式，同时也是解决技术标准中知识产权问题的一种方式[59]。

谭静分析了企业标准联盟的动机，指出了我国企业组建标准联盟可采用两种方式：其一是积极加入国外大公司发起的标准联盟，尤其是技术和标准共同开发的联盟运作模式。其二是国内的行业中几家领导企业共同组建标准联盟，围绕核心技术进行联合投资、合作开发，充分利用我国丰富的市场资源，积累大规模的"安装基础"，推动标准化的形成[60]。

李保红、吕廷杰认为标准是一种具有排他性的准公共物品；

依据其经济学属性，结合标准发展的历史案例，提出自愿联盟性标准为技术标准合理有效的供应形成模式[61]。

综上所述，国内有关技术标准的文献基本上是不同学科的学者在实践经验的基础上，从自己工作的专业技术领域（如信息产业、知识产权等方面）出发论述标准、专利和知识产权关系以及发展我国具有自主知识产权标准的策略建议，绝大多数的论述是间接的，较为零散的，很少有学者从理论上对高新技术转化为技术标准的潜力进行深入的研究。除了及个别学者采用博弈论，研究了技术标准对提高社会总福利水平的作用和部分学者沿用西方经济学家的网络外部性范式研究中国的高新技术标准化（主要是信息技术、通信领域）外，鲜见有人进行高新技术转化为技术标准的动力机制、运行机制研究，在国内还没有人从经济学和管理学的理论高度出发，系统深入地进行"高新技术转化为技术标准的潜力评价及运行机制研究"。

1.3 目前存在的问题

国际上对于技术标准和技术标准化的研究最近几十年已经取得了丰硕的成果。既包括经验研究也包括案例研究；成果涉猎的国家范围也很广泛，既包括一些典型的发达国家，也包括众多的发展中国家。这些成果充分说明了关于技术标准化的课题已经真正成为世界范围的重要研究领域。

但是，各国学者对高新技术转化为技术标准的研究成果尚不多见，无论从采用的方法还是从研究成果来看，都表明对于高新技术转化为技术标准的认识还远未成熟。主要是由于高新技术转化为技术标准的研究是一个跨技术、经济、投资、市场、战略、国际贸易、管理等多领域的综合课题，研究难度较大，目前还没有形成公认的理论框架。

近几年，国内公开发表的标准及标准化学术研究文献开始增多，关于高新技术转化为技术标准的研究也开始受到大家的重视，取得了一些有意义的成果。但是在研究的深度和广度方面，与国际的同类研究还有较大的差距。

目前制约我国高新技术转化为技术标准发展的主要问题有以下两个方面：

（1）缺乏科学的高新技术转化为技术标准潜力评价标准和评价方法。由于传统标准化的性质和高新技术的特点，理论界和产业界均把二者视为不相关的独立个体，没有把二者联系起来考虑。当前出现的技术标准专利化趋势，使得二者协同发展的要求十分迫切。但目前尚缺乏科学的高新技术转化为技术标准潜力的评价标准和评价方法，因而无法科学合理地对高新技术转化为技术标准的潜力大小作出评价，不能很好地确定需要重点支持的高新技术转化为技术标准项目。

（2）对高新技术转化为技术标准的动力机制、运行机制缺乏系统深入的理论研究。大部分标准化学术论文还都停留在对标准化工作的初级探讨、方法研究、经验总结以及对具体标准的讨论方面，真正涉及标准化基础理论研究的论著还比较少。针对我国高新技术企业研发能力不足，研发和生产脱节，科技成果转化率低的现实情况，缺乏对高新技术转化为技术标准动力因素及动力机制的系统认识，尚未找到采用什么样的运行机制，实行什么样的制度安排才能更好实现我国高新技术转化为技术标准。

因此，系统而深入地研究我国高新技术转化为技术标准的潜力分析及运行机制这一课题是很有意义的。

1.4 研究方法与技术路线

本书主要采用规范研究的研究方法。首先，应用模糊数学理论、数理统计理论研究高新技术转化为技术标准潜力大小的评价理论和评价方法；其次，应用系统理论、博弈论、网络经济学理论和激励理论研究促进我国高新技术转化为技术标准发展的动力因素和动力机制；最后，应用知识管理理论、学习型组织理论、市场营销理论、新制度经济学理论与方法，阐述我国高新技术转化为技术标准的运行机制。其技术路线如图 1-1 所示。

当然，标准是把"双刃剑"，先进技术成为标准对技术创新及经济增长会产生正向推动作用，而次优技术成为标准会对技术创新及经济增长产生阻碍作用。现有研究文献一方面通过标准影响技术进步、贸易发展和市场一体化等因素来阐述标准对经济增长的正向促进作用，另一方面又从次优技术锁定、贸易限制、市场垄断和投资限制等方面提出了标准的负面影响。

本书主要是基于标准所产生的正向作用，研究如何选择更具潜力转化为技术标准的高新技术成果、采用什么转化策略以及保障转化成功进行的运行机制，以期能够成功地把先进的高新技术成果转化为技术标准，更好地发挥技术标准的正向作用。

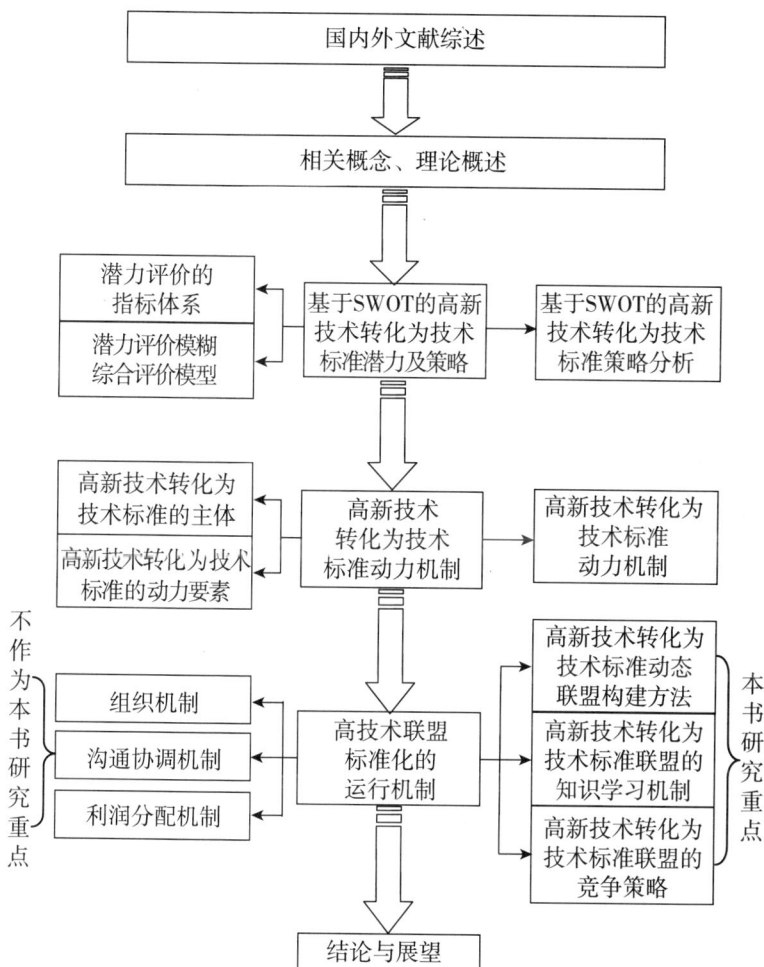

图 1 - 1 技术路线图

Fig. 1 - 1 The technical way of the study

第2章 高新技术转化为
技术标准理论概述

进入 20 世纪 90 年代，高新技术向商品化、产业化、国际化方向发展。以信息科学技术为主体，包括生命科学技术、新能源与可再生能源科学技术、新材料科学技术、有益于环境的科学技术、海洋科学技术、空间科学技术和软科学技术在内的高新技术在迅速发展，相关的高新技术产业正在形成和兴起。高新技术在经济发展中的作用越来越大，高新技术产业在经济构成中所占比重将越来越大，成为新经济的第一支柱。对经济、社会发展和人们生活的影响也将日益扩大。迈克尔·波特认为，以高新技术为基础的高级生产要素是经济主体获取持久竞争优势的重要手段。

2.1 高新技术概述

2.1.1 高新技术的含义与特点

高技术（High Technology）是一个动态的概念，是现阶段的先进技术和尖端技术，而不是一般的成熟技术和传统技术，并与特定的产品和产业相联系。不同的时代会有不同的高技术，今天的高技术，明天不一定是高技术，尤其是在现代科技迅猛发展的新形势下，更新速度非常快。新技术（New Technology）是一个比较性概念，是高技术的时序排列概念，是指最近出现并正在"兴起"的、"前沿"的技术，相对于传统技术而言，是具有新质特征的技术[62]。我国学术界一般把高技术与新技术合在一起统称为"高新技术"。按照大多数学者赞成的说法，高新技术是指建立在现代自然科学理论和最新工艺技术基础之上，处于当代科学技术前沿，能够为当代社会带来巨大经济和社会效益的知识密集、技术密集型技术。具体包括微电子与电子信息技术、空间科学与航空技术、光电子科学与光机电一体化技术、生命科学与生物工程技术、材料科学与新材料技术、能源科学与新能源、高效节能技术、生态科学与生物医学技术。而从事高新技术研发以及生产经营的企业为高新技术企业。

高新技术的特点主要表现为[63]：①知识的高度密集性；②强竞争性；③高风险性；④高效益性。正是高新技术所有的这些特征，使得高新技术创新的难度高于一般技术创新。高新技术创新必须具备一定条件，即：以市场为导向的高水平研发；高水平的科技人员、管理人员和技术工人组成的人才群体；广泛收集信息和掌握行业内外科技发展最新动态的能力；与科研领域和其他行业保持密切联系与合作关系。

2.1.2　高新技术产业化的含义及过程

现代经济的增长更多地取决于高新技术产业的发展，高新技术产业是在高新技术的研究、开发、推广、应用的基础上形成企业群或企业集团的总称。美国学者 R. Nalson 认为高科技产业指那些投入大量研究与开发资金，以迅速的技术进步为标志的产业；而国内理论研究认为高新技术产业涉及高新技术的研究、开发、生产、推广、应用等[64]。按照经济与合作发展组织（OECD）的统计规定，高科技产业包括通信产业、航空航天产业、医药产业和电子半导体产业。高新技术产业的产业特点是[65]：研究开发（R&D）财力资源和研究开发人力资源的高度集中，使之产品和工艺的技术含量高，附加值高；高新技术产业对相关产业的带动能力强，是提升国家或区域经济竞争力的支柱之一。

对高新技术产业化含义的理解有两种[65]：狭义的理解是指高新技术成果转化为新产品、新工艺。它以高新技术科研成果为起点，以市场为终点，使知识形态的科研成果转变为物质财富；广义的理解是指高新技术从研发到成果转化成新产品、新工艺直到规模化大生产或者在更广的范围使用。

笔者认为，对高新技术产业化的广义理解包括了狭义的理解，同时又强调了高新技术对生产的渗透性作用，和由此引发的技术扩散和产业扩散，以及通过间接的途径对产业形成的影响，应该说这种广义的理解更为科学。

早期研究认为高新技术产业化过程分为：基础研究、应用研究、开发研究和推广应用，其中推广应用指的就是成果转让商品化（李晓鹏，1996）[66]。后来的研究认为高新技术产业化过程包括：科学研究、产品开发、成果扩散和产业化大生产。赵玉林认为高新技术过程是由科学研究、试验发展、产品开发、生产制造、市场营销、技术扩散、规模化大生产组成的纵向系统[65]。顾海认为高新技术产业化经过以下4个阶段：①高新技术的发明与研制；②高新技术产品（商品）开发与推广；③高新技术产品的大规模生产；④高新技术产品的市场开发阶段[64]。这些都是广义的高新技术产业化过程，包括了高新技术的研发过程和成果转化成新产品、新工艺直到规模化大生产或者在更广的范围使用的全过程。

2.2　标准及标准化概述

2.2.1　标准含义

标准的定义多种多样，目前还没有一个统一的定义。主要有以下几种具有代表性的观点。

1. 1934 年，盖拉德（J. Galllard）的定义[67]

J. 盖拉德在 1934 年著的《工业标准化——原理与应用》一书中，把标准定义为："是对计量单位或基准，物体，动作，程序、方式、常用方法、能力、职能、办法、设置、状态、义务、权限、责任、行为、态度、概念和构思的某些特性给出定义，作出规定和详细说明，它是为了在某一时期内运用，而用语言，文件，图样等方式或模型，样本及其他表现方法所做出的统一规定。"

这一定义给出了标准化的对象与活动领域，以及标准的表现方法，并同时指出标准是有周期的。

显然，这个定义比较全面而明确地概括了 20 世纪 30 年代时，标准化对象与活动领域内产生的标准化成果在标准化历史上起到重要的引导作用。

2. 桑德斯定义

桑德斯在 1972 年发表的《标准化的目的与原理》一书中给

出标准定义为："是经公认的权威机构批准的一个个标准化工作成果，它可以采用以下形式：①文件形式，内容是记述一系列必须达成的要求；②规定基本单位或物理常数，如安培、米、绝对零度等。"

这个定义强调标准是标准化工作的成果，要经权威机构批准，由于该书由国际标准化组织出版，因此，也被广泛流传，具有较大的影响。

3. 国际标准定义

国际标准化组织（ISO）的标准化原理委员会（STACO）一直致力于标准化基本概念的研究，先后以"指南"的形式给"标准"的定义作出统一规定，每隔几年就要修改一次。对照其1983年的第四版、1986年的第五版（草案）和1991年的第六版，都发现其有新的修改（删除、修改或补充新的内容）。1996年，ISO与IEC联合发布第2号指南《标准化与相关活动的通用词汇(1996年第七版)》，该指南对"标准"的定义如下：

"标准是由一个公认的机构制定和批准的文件。它对活动或活动的结果规定了规则、导则或特性值，供共同和反复使用，以实现在预定结果领域内最佳秩序和效益。"

该定义给出了制定标准的目的、基础、对象、本质和作用。由于它具有国际权威性和科学性，无疑应该是世界各国，尤其是ISO和IEC成员应该遵循的。

ISO与IEC联合发布的标准的定义强调标准是由公认的机构制定和批准的文件，这主要指的是法定的国际标准，与ISO和IEC是一个国际性组织有关。

4. 世界贸易组织（WTO）的定义

世界贸易组织（WTO）于 1994 年发布的《贸易技术壁垒协议》《TBT 协议》附录 1 对标准的定义是："经公认机构批准的、规定非强制执行的、供通用和重复使用的产品或相关工艺和生产方式的规则、方针和特性文件。该文件还可包括或专门关丁适用于产品、工艺或生产方法的专门术语、符号、包装、标志或标签要求。"

5. PMBOK 指南 2000 版的定义

标准是由一个公认的机构批准的文件。它对产品、过程和服务规定了规则、导则或特性值，供共同和重复使用，它是非强制性的。

6. 中国国家标准的定义

1983 年，我国在 GB39.5.1《标准技术基本术语》中对标准定义是："标准是对重复性事物和概念所做的统一规定。它以科学、技术和实践经验的综合成果为基础，经有关方面协商一致，由主管机构批准，以特定的形式发布，作为共同遵守的准则和依据。"

该定义的行政主导色彩非常浓厚，具有计划经济色彩。因为它强调标准须由主管机构批准。

1996 年，开始采用 ISO 和 IEC 的定义，并成为国家标准。我国国家标准 GB/T3935.1－1996《标准化和有关领域的通用术语第一部分：通用术语》（以下简称"新国标"）中对"标准"的定义全面采用了 ISO/IEC 第 2 号导则（1991）的定义。新国标对"标准"的定义是："为在一定的范围内获得最佳秩序，对活动或其结果规定共同的和重复使用的规则、导则或特殊的文件。该文件经协商一致制定并经一个公认机构的批准。"（注：标准应以科学、技术和经验的综合成果为基础，以促进最佳社会效益为目的）。

在上述标准的定义中，除了盖拉德（J. Galllard）的定义外，其他所有的标准的定义，都强调标准需要经公认的权威机构批准和发布。事实上，企业标准、事实标准和论坛标准是不需要公认的机构制定和批准的，这些标准产生于市场过程，出现于市场过程之后，是相关主体之间相互作用的结果，它们可能是由某个经济主体倡议发起的，也可能是这些相关主体之间一种默认的结果。因此，上述标准的定义，实际上只是对正式标准、法定标准的定义，非常不全面，没有把大量的企业标准、事实标准和论坛标准包括在内。同时这一标准也缺乏可操作性，它似乎有意排除了由非公认的机构、非正式的机构发布的或市场产生的事实标准（De Facto Standards）。

2.2.2　技术标准含义

ISO 认为："技术标准是一种或一系列具有一定强制性要求或指导性功能，内容含有细节技术要求和有关技术方案的文件，其目的是让相关的产品或服务达到一定的安全要求或进入市场的要求。"

葛亚力认为："技术标准是对企业生产产品、提供服务所使用技术方法、方案、路线的一种约束，是限定企业按照法定的

（可选择的）技术方法、方案、路线提供达到一定性能指标的产品的文件。[36]"

技术标准的实质就是对一个或几个生产技术设立的必须符合要求的条件。技术标准是标准在技术领域的应用，指一组得到认可的关于产品、技术和工艺的特性及参数的规范，其目的是要保证产品和系统间的互联与互换，维护市场参与各方之间的正常交流和合理秩序。

技术标准在狭义上多是指涉及信息技术等高新技术领域且标准的内容包含有一定量技术解决方案的这一类标准。广义上，技术标准是标准体系的主体。

技术标准是重复性的技术事项在一定范围内的统一规定，具有生产属性（生产型标准）和贸易属性（贸易型标准）。作为人类社会的一种特定活动，技术标准从过去主要解决产品零部件的通用和互换问题，逐渐发展成为一个行业必须遵守的规则。如今，技术标准不仅是世界高新技术产业竞争的制高点，而且是高新技术产业经营的高级形态，甚至成为一个国家实行贸易保护的重要壁垒，成为非关税壁垒的主要形式。技术标准无疑和企业的生产行为密切相关，有着重要的作用和影响：技术标准是企业现代化大生产的必要条件，是实现科学管理的基础；推动企业技术发展和技术创新，能有效提升企业核心竞争力；降低企业风险、企业的生产成本和交易成本。

由于本书主要研究的是高新技术领域的标准，所以主要涉及的是技术标准的含义。

2.2.3　标准化含义

与标准一样，标准化的定义也不统一，国际标准化组织和有关国家或标准化专家对标准化给出了不同的定义，其中较有代表性的有以下几种。

1. 桑德斯的定义

国际知名的标准化专家桑德斯在 1972 年发表的《标准化目的与原理》一书中把"标准化"定义为："标准化是为了所有有关方面的利益，特别是为了促进最佳的经济，并适当考虑产品的使用条件与安全要求，在所有有关方面的协作下，进行有秩序的特定活动所制定并实施各项规定的过程。标准化以科学技术与实践的综合成果为依据，它不仅奠定了当前的基础，而且还决定了将来的发展，它始终与发展保持一致。"

2. 国际标准化组织的定义

国际标准化组织与国际电工委员会在 1996 年联合发布的 ISO/IEC 第 2 号指南《标准化与相关活动的通用词汇（1996 年第七版）》，给"标准化"定义如下：

"标准化是对实际与潜在问题做出统一规定，供共同和重复使用，以在预定的领域内获取最佳秩序的活动。"

3. 中国国家标准化的定义

1983 年，我国在 GB39.5.1《标准技术基本术语》中对标准化的定义是：为在一定的范围内获得最佳秩序，对实际的或潜在的问题制定共同的和重复使用的规则的活动，它包括制定、发布及实施标准的过程。1996 我国修改采用了国际标准化组织（ISO）和 IEC 的"标准化"定义。

上述定义中，桑德斯定义局限于工业标准化，文字繁多；而国际标准化定义明确，内容深刻，文字简明，使用范围清楚。

从上面的有关标准化的定义可知，虽然有关标准化的文字表述各不相同，但都认为标准化是一个包括制定标准、实施标准等内容的活动过程，都支持标准化的目的是为了获取最佳秩序，获取经济效益。

2.2.4 标准的分类

标准为适应不同的要求从而构成一个庞大而复杂的系统，为便于研究和应用，不同学科的学者，从不同的角度和属性将标准进行分类，常见的主要有以下几种分类方法。

（1）根据标准发生作用的有效范围划分，标准分为国际标准、区域性标准、国家标准、行业标准、地方标准与企业标准。我国目前将标准分为国家标准、行业标准、地方标准和企业标准四级。这 4 类标准主要是适用范围不同，不是标准技术水平高低的分级。

（2）根据法律的约束性划分，标准分为强制性标准、推荐性标准和标准化指导性技术文件三类。

（3）根据标准化的对象和作用划分，标准分为基础标准、产品标准、方法标准、安全标准、卫生标准和环境保护标准 6 大类。

（4）根据标准的性质划分，标准分为技术标准、管理标准和工作标准三类，后两种标准属于"软性"的制度约束。

（5）根据标准的目标划分，标准分为度量标准、过程导向的或描述性的标准、性能为基础的标准、系统的互操作标准。

（6）根据标准的功能划分，标准分为参照性标准、最低质量标准以及兼容标准[68]。

（7）根据产品生命周期划分，标准分为预期标准、共享标准和响应标准[69]。

（8）根据解决的经济问题划分，标准分为兼容标准和接口标准、最低质量和安全标准、减少种类标准、信息标准。

（9）根据标准协调的对象划分[70]，标准分为性能标准、解决办法——描述标准，它又可以分为：①干预标准；②兼容标准；③质量标准。

（10）根据标准化的方式划分，标准分为事实标准（Defacto Standards 通过市场产生的标准）、正式标准（Formal Standards 由政府设立的标准）和论坛标准（Forum Standards 通过自愿谈判过程产生的标准）。

（11）根据建立过程划分：

第一种过程划分：David and Greenstein（1990）根据建立过程将标准分为正式标准和事实标准。

第二种过程划分（有一些学者根据过程将标准分为 4 类）：①没有明确专利权主体的标准，即没有人或机构对这些规定具有专利权，但却以严格的书面形式存在；②有专利权主体的标准，即一个或多个发起人或机构对其拥有专利权，发起人的身份可能是供应商、顾客、或者是他们组成的合作体，吸引其他企业采用特定的技术规定；③在自发性标准设定组织内达成并公布的标准协议；④管制性政府机构颁布的强制性标准。前两类标准产生于市场过程，通常被认为是事实标准。后两类标准一般通过委员会意图或行政程序制定，市场过程对其产生的影响不易显现出来。虽然只有最后一类标准具有法律效力，但通常后两类标准都被称为法定标准。

第三种过程划分：①事实标准（De Facto Standard）；②规制性标准（Regulatory Standard）；③一致同意性标准（Consensus Standard）。

（12）根据标准的公开性划分，标准分为专用性标准（非公开性标准）和公开标准。

将代表性标准分类汇总，见表 2 – 1。

表 2 – 1　代表性的标准类型划分
Table 2 – 1　Typical types of the standards

划分标准	标准类型
发生作用的有效范围	国际标准、区域性标准、国家标准、行业标准、地方标准与企业标准
法律的约束性	强制性标准、推荐性标准和标准化指导性技术文件
标准化的对象和作用	基础标准、产品标准、方法标准、安全标准、卫生标准和环境保护标准
标准的性质	技术标准、管理标准和工作标准
标准的目标	度量标准、过程导向的或描述性的标准、性能为基础的标准、系统的互操作标准
标准的功能	参照性标准、最低质量标准、兼容标准
产品生命周期	预期标准、共享标准和响应标准
解决的经济问题	兼容标准和接口标准、最低质量和安全标准、减少种类标准、信息标准
标准协调的对象	性能标准、解决办法——描述标准，它又可以分为：①干预标准；②兼容标准；③质量标准
标准化的方式	正式标准、事实标准（单个或极少数企业制定、联盟共同制定）
标准的公开性	专用性（非公开性标准）、公开标准

本书主要对高新技术转化为技术标准潜力及运行机制进行研究，主要涉及以下几种分类方法：根据产品生命周期分类、根据标准化的方式和根据建立过程分类。随着技术的快速发展，高新技术领域的标准大多属于预期标准；根据标准化的方式，在技术

标准的竞争中，企业可能会努力使自己支持的技术标准成为法定标准，也可能会主要考虑通过尽早在市场上占据绝对优势来使自己支持的技术标准成为事实标准；根据建立过程，事实标准又可分为：独家垄断和联盟模式。独家垄断模式如"WinTel 事实标准"，这类标准的特点就是厂商并没有追求标准化，也没有标准化的管理机构和标准化的许可战略，标准的所有者、管理者和使用者三者统一。联盟模式往往意味着标准的所有者、管理者和使用者的分离，这正是我们关注的重点。

联盟标准分为开放标准和封闭标准。开放标准意味着标准对联盟外的成员授权、许可和开放，而封闭标准意味着标准不对外开放。当然，开放标准的程度和方式影响标准和标准游戏的参与者。这些标准分类之间的关系如图 2-1 所示。

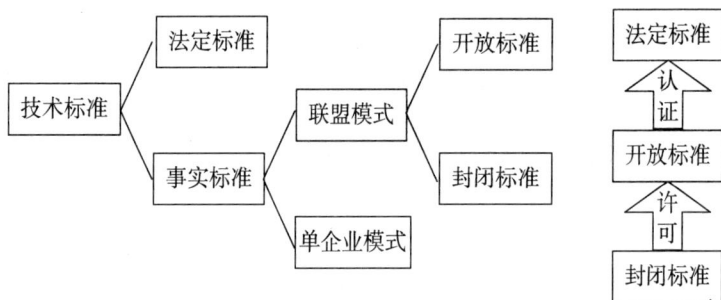

图 2-1 高新技术标准分类关系图
Fig. 2-1　The types relation of high-techl standards

如果企业研发的标准最终成为法定标准，则其借助标准控制市场的成功率就会大大提高。但是，由于目前我国还没有建立起一个统一、协调、高效的国家标准战略体系，国内企业提出的标准要想成为法定标准往往需要经历漫长的充满变数的过程：首先要在国内的标准竞争中胜出，成为有关部委推荐的行业标准，进而向国家标准委员会报批为国家标准。而要成为国际标准还需要经过国际标准化组织的严格审查。一种标准在成为法定标准之后并不意味着它已经获得成功，最终还需看它能否为市场所接受。没有市场的标准，即使成为国家标准甚至国际标准都是没有意义的。因而标准最终能否成功需要得到市场的认可。得到市场认可的事实标准实践一段时间后，也有可能会向法定标准转化。因此，本书研究的标准化方式主要是指事实标准的形式，当然在标准化过程中也会尽量争取国家和标准组织的支持。

2.2.5 高新技术标准与传统标准的区别

随着高新技术在经济发展中的作用越来越大，高新技术标准背后蕴藏的经济利益越来越大，IPR 被大量地嵌入标准的底层，致使以高新技术为基础的标准与传统标准有了明显的区别。

1. 从"规范竞争"到"竞争焦点"

标准最初主要用以规范产品和服务的技术要求和质量要求，从而规范竞争。随着高新技术的快速发展，标准的内容越来越丰富，趋向于将一些技术解决方案纳入到标准之中。由于技术标准是由一系列的专利权集合而成，客观上使得技术标准成为一个容纳多种技术专利的系统。在这个系统里，技术标准被人们划分为核心标准模块、外围标准模块和边缘标准模块三个方面。尽管这些标准模块都是指导产业发展的技术规则，但它们在产业价值链中的地位却存在很大差异。其中，核心标准模块往往是产业的高端价值区，占据该领域的企业将分享到整个产业的大部分利润。

标准制定者在产业结构中处于价值链的高端，在网络中成为核心企业，拥有产业领导权，从而影响到上、下游产业的竞争绩效，这使得标准竞争成为各企业甚至是国家竞争的焦点。

2. 从"公共物品"到"非纯粹公共物品"

传统经济框架下，技术更新缓慢，经济利益取决于生产规模和生产质量，而不是技术创新和知识产权；此时，标准服务于社会大生产，其着眼点在于保证产品的互换性、通用性以及生产的规模效应，具有浓厚的公共物品的性质。当技术因素在经济发展中扮演越来越重要角色时，经济利益更多地取决于技术创新和知识产权；这样，把专利和知识产权变为标准（或者在标准中嵌入私有的专利）自然就成了获取最大经济利益的最佳途径。因为包含了专利的标准就不再是可以免费使用的公权，而变成了一种需要付费使用的私权。因此，高新技术的标准成为专利和知识产权追求的最高表现形式，标准越来越多地披上垄断的色彩，成为"非纯粹公共物品"。

3. 从"记录结果"到"预示未来"

一般说来，在传统产业里，技术成熟、产品定型之后才开始制定标准，标准只不过是技术水平和产品的记录。而在当今的高新技术领域，由于技术的复杂性和系统性大大增加，标准制定的程序发生了一定的变化，往往是先有标准，后有产品。如在信息技术领域，信息技术的基础是标准化，没有标准化就没有信息技术。为了确保网络的互联和互操作，就必须在网络应用前制定接口和技术条件标准，离开这些标准，就无法实现信息资源的共享和系统高效运转。这就是为什么在互联网应用前就先有了 IP 协议，在高清晰度彩色电视和第三代移动通信尚未商业化前，有关标准之战就已如火如荼的原因所在。高新技术标准很大程度上，是技术潮流和市场未来的方向。

4. 控制周期缩短

高新技术标准的控制周期相对一般技术标准控制周期较短，这一方面是因为高新技术发展迅速；另一方面是因为现代化的消费群体对高新技术产品的需求呈多样性且变化加快；同时也与标准功能的改变有关。这些都决定了技术标准控制周期的不稳定性，DVD 与 EVD 光盘标准的更新换代已经说明了技术标准控制周期的不确定性。

2.3　高新技术转化为技术标准概述

2.3.1　高新技术转化为技术标准含义

传统的技术转化为技术标准是指把技术和工艺的特性、参数、要求、方法、路线等形成一定的文本和规范，其目的是要保证产品和系统间的互联与互换，维护市场参与各方之间的正常交流和合理秩序。传统的含义仅是侧重把技术的相关特性转化为标准文本，主要是指标准的制定过程。而高新技术转化为技术标准的目的在于通过标准化更好地实现高新技术产业化的目的。完成标准的制定只是标准竞争的开始，衡量一个成功标准的最简单指标是看标准产品的市场占有率、使用标准的国家和用户数。标准文本冻结以后，标准竞争就主要集中在标准产业化能力的竞争上，即：如何快速推出产品，抢占市场；如何在扩散阶段快速形成大量的用户安装基础。

高新技术转化为技术标准是一个周期过程，包括技术标准的研发、产品化、测试认证和市场推广等业务活动，涉及多个环节，需要形成从技术创新到形成技术标准、及技术标准市场推广的整个运营价值链。从标准文本，到实验室产品，再到市场上的商品，这可以看做是"落地"的过程。标准再好，技术的理念再先进，如果不能成功的转化为现实市场中的商品，则一切只是空中楼阁。"束之高阁"的标准不具生产力，是失败的标准。

因此，本书所指的高新技术转化为技术标准包括从标准研发到标准产业化的全过程，从产业演化的角度，将其分为标准形成、实现和扩散 3 个阶段。

2.3.2 高新技术标准与专利池的关系

高新技术标准，规定了产品或服务的技术要求，而要达到这种技术要求就需要使用多项专利技术。专利密集是高新技术标准的一个特点，随着高新技术的高速发展，高新技术产品的复杂性、集成性也越来越强，一种产品往往要包含成百上千项专利。围绕标准建立专利池就成为构建专利池的一种重要方式，现代专利池特别是大型专利池，往往是伴随着技术标准而建立的。"专利池"（Patent Pool）顾名思义是指专利的集合，最初是两个或两个以上的专利所有者达成的协议，通过该协议将一个或多个专利许可给一方或者第三方[71]，后来发展成为"把作为交叉许可客体的多个知识产权——主要是专利权——放入一揽子许可中所形成的知识产权集合体"。在进入知识经济时代的今天，经济全球化的发展使得现代专利池特别是技术标准下的专利池迅速发展。当今高新技术领域的主要技术标准下大都建立了一个或多个专利池。

专利池的主要作用在于能有效地消除障碍专利、加强技术互补、降低交易成本、减少专利纠纷。专利池不仅有助于创新者突破由于专利密集化而形成的"专利丛林"，而且能降低研发成本，分散研发风险。就此而言，专利池的存在对于创新有着积极的影响。基于标准的专利池通常具备以下基本特征：有一个明确的、定义良好的标准；有一套程序或第三方专家来决定哪些专利是核心的，从而确定核心专利持有人；一份经核心专利持有人起草并核准的技术许可，该许可至少应遵循合理且非歧视原则（即RANI）原则；专利池管理机构由经核心专利持有人共同任命，负责专利池的管理任务；核心专利持有人保留对专利池之外的自身专利的许可权利。

从技术角度来说，高新技术标准实际上就是以必要专利为基础的技术方案。必要技术的专利权人依照一定程序通过多边协商，同意将各自的专利技术"贡献"出来供标准体系使用。这样，技术标准体系在取得专利权人授权许可的前提下，在标准体系的技术方案中公布有关专利技术的内容，同时声明专利权人愿意按照"合理不歧视"原则向任何有兴趣的人实施专利许可，并设立专门的管理机构，负责实施专利技术的"打包许可"[72]，这为技术标准体系的执行者提供了"一站式"服务。

从理论上讲，大多数技术标准存在竞争者，采用新技术的新标准可能会替代老标准。因此，标准背后的专利池不会造成垄断。但事实是，一个成功的技术标准往往占据了大部分甚至全部市场份额，标准推行涉及多方利益，标准采用者往往不希望标准产品快速退出市场，因此标准背后的专利池往往形成事实垄断[73]。

2.3.3 技术标准化模式分类及特点

1. 技术标准化模式的分类

技术标准化模式的区分方法源自经济学的有关标准化的论述，比较典型的基本都把技术标准化模式分为三类，即市场化方式、委员会方式以及在此基础上形成的混合模式。

Choh 按照标准形成过程的市场化程度深浅、行政力量强弱和程序化程度，界定了 ICT 行业标准化的五种不同的治理机制：政府（State），共同体（Community），专业协会（Association），网络（Network）和市场（Market），见表 2 - 2。

表 2 - 2　ICT 行业标准化五种不同的治理机制[74]

Table 2 - 2　The five different governance mechanisms of ICT industry standardization

形成模式	机制	技术产权关系	标准形式
政府	强制性引入	公共物品	管制性标准
共同体	自愿的基础上以形式化方式通过	公共物品	自愿性标准
专业协会	达成协议或/和共识	产业性的准公共物品	形式化标准
网络和联盟	按照各自利益关系协调并达成协议	专有技术	预设性标准
市场	自立性的、非协议的	专有技术	事实性标准

Choh 还认为市场治理机制的原则是个人利益最大化的竞争；网络机制的原则是市场中的自愿合作；而行业协会的原则是将一致意见者组织起来；国家的调和能力则是借助于其自身法律的强

制力；而共同体通过基于开放的自愿贡献来发挥他对行业的调和作用。以上治理模式中基于市场和基于政府的形成模式是两种典型的极端类型，基于市场模式的标准形式是事实标准，事实标准可以不涉及任何标准化过程，而只是简单地反映一个特别成功的技术或公司的优势。基于政府的模式对应的是管制性标准。两种模式各有优缺点和其适用范围。其他三种模式是更常见的混合模式。

2. 技术标准化模式的特点

市场化方式的有利因素主要是确定标准迅速，效率高，能够适应市场与技术的动态变化。但是，市场化方式也存在很多弊端，首先，新标准的争夺不可避免地导致技术的重复开发、行业混乱和昂贵的标准战；其次，可能导致标准分裂和用户锁定，不能迅速建立起能促进标准扩散的用户基数；再次，可能导致标准技术次优；最后，可能导致市场力分布不均、标准垄断和国际贸易摩擦等问题。从公共政策的角度，这些弊端也正是政府干预标准化过程的埋由。

与市场化过程相比，委员会方式的标准产生过程更有条理，能有效地避免标准竞争浪费及其他问题，为所有用户——胜利者和失败者，提供等同的标准和市场机遇。然而，标准化委员会和官方标准机构在制定有关新技术的决策过程中存在不可回避的难题。由于变数多，变化快，再加上结果与企业商业利益息息相关，一致意见（Consensus）很难达成。意见难于统一、委员会方式的技术偏向、场外力量干扰、标准外政策因素影响、时机贻误等诸多原因造成官方参与标准化过程是有代价和成本的。

　　混合标准化机制能够将市场标准的效率和委员会标准的开放性结合在一起，对政府参与标准的程度、方式和水平提出了更高的要求。混合策略主要包括两种情况。第一是委员会协调与市场竞争结合，协调为主，竞争为辅。其目的是提高标准形成的速度和效率，排除其他无关政策因素干扰。优点是市场方式具有速度和效率优势，而委员会方式能预防标准战和标准分裂以及由此产生的沉没成本。标准化机构提供讨论和信息交流的机会，推进市场化方式的进展。第二是市场化辅之以较强的政府指导，目的是解决公共利害关系较大的政策问题。标准的细节由市场决定，但由于涉及公共利益，需要政府政策干预。上述两者的区别不仅仅在于政府参与程度的不同，而主要表现在后者是政府有意识的管制，前者只是利用标准化委员会提高谈判效率，即前者通过自愿性的委员会协调，而后者通过法律或经济手段协调。

　　历史上，有不少经济学者提出过市场机制和法定的委员会机制的混合。Farrel 和 Saloner（1988）用模型证明，混合机制既优于纯正式委员会机制，又优于纯市场机制。联盟企业在加入正式标准组织的同时，利用市场机制来推广自己的技术是最容易成功的标准化模式[75]。Shapiro（2001）也认为，标准联盟和正式标准组织的合作融合方案能将二者的优势融于一体[76]。李保红、吕廷杰通过对目前标准供应模式的比较，认为基于自愿基础上的联盟标准，不仅分担了标准的形成、减少了技术交易成本等问题，而且又获得了标准扩散的联盟推动力。技术标准联盟以一种制度方式有效化解了专利私有权和标准化公共利益的矛盾。由于是多个企业形成联盟共同提出标准，相对较多地平衡了各方的利益，具有强大的市场竞争力，也为后一环节标准设计范式节约了交易成本[77]。

2.3.4　高新技术转化为技术标准过程分析

从高新技术企业技术标准化动态控制过程来分析高新技术转化为技术标准的过程，高新技术企业技术标准控制包括：高新技术企业技术标准化的内部控制和外部控制。高新技术企业技术标准化的内部控制涵盖了高新技术企业技术创新、技术标准概念倡导、企业研发以及相关人力资源培养、高新技术企业内部的技术标准化政策等，属于企业内部知识管理部分；高新技术企业技术标准化的外部控制，主要指企业面对动态变化的外部环境，对企业技术标准的控制，采取独占技术标准战略，还是和其他高新技术企业技术联盟的战略（技术标准知识共享）或者技术标准部分开放。如果站在国家宏观产业经济发展的角度分析，高新技术转化为技术标准还和提高全社会的福利水平，平衡国家产业发展结构，引导高新技术企业健康发展，提高高科技产业以及国民经济的综合实力相关联[78]。网络外部性条件下高新技术转化为技术标准的过程如图 2 - 2 所示。

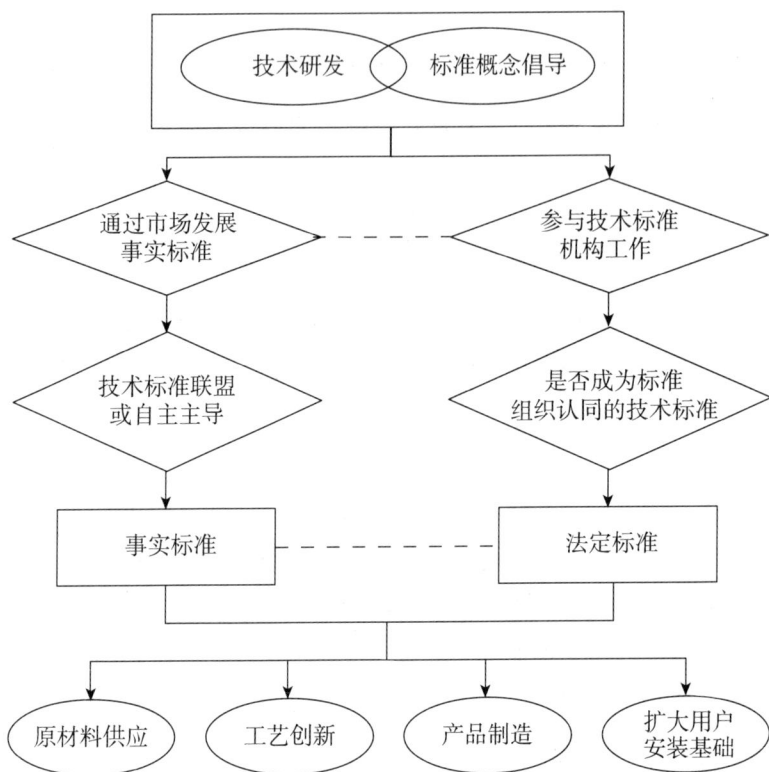

图 2 - 2   网络外部性条件下高新技术转化为技术标准的过程

Fig. 2 - 2   The process of high – tech transforming technical standards

2.4   技术标准联盟概述

2.4.1   技术标准联盟内涵

技术标准联盟在国内不同的文献中是以标准联盟、技术联盟、技术标准化联盟、企业联盟而出现的，国外对这种联盟形式集中研究的文献也有类似提法。从这些提法中，可以看到研究者对其认识的不同侧重点。标准联盟指出了其是围绕标准成立的一种战略联盟；技术联盟则强调了联盟在创新行为方面的作用；技术标准化联盟指出了技术标准是一个动态扩散过程，联盟的目的是技术标准化，因为只有技术标准不断得到接受，基于这种标准的联盟才能获得市场的最终承认；而企业联盟的说法看到了这种联盟以企业为成员，从而区别于其他包含非企业成员的战略联盟，如基于研发创新的技术联盟会包含一些研究机构[39]。

技术标准联盟是技术标准竞争的一种重要手段，技术标准之间的竞争往往表现为不同技术标准联盟之间的竞争。技术标准联盟是技术标准形成机制中组织机制的一种形式，它是指以拥有较强 R&D 实力和关键技术知识产权的企业为核心，以推动某种技术标准的主流化为目标的企业间成员组织[79]。组建或参与技术标准联盟体现了企业从技术标准化入手，构筑动态能力，实施先机战略。一般而言，技术标准联盟往往是部分优势企业结成联盟。

技术标准联盟是一个内部连接结构比较松散的网络组织，是核心企业间的协作关系及核心企业与外围企业以技术许可方式形成的联系交织成的一个以技术标准为纽带的协作网络。技术标准联盟往往采取半开放式模式。核心企业层采取封闭式结构，该层企业联系紧密，而外围层是开放式，不同的核心成员与外围成员以及外围成员之间的链接程度呈现差异化。联盟主导者是联盟的倡导者，是核心成员中的一员，拥有联盟成功的关键资源即核心技术或较大的市场份额，并往往掌握管理联盟事务的权利。

吸收以前的研究成果，根据本书的研究重点，高新技术转化为技术标准联盟（简称技术标准联盟）是指技术标准的倡导者通过战略联盟的方式将标准进行市场扩散，目的是技术标准化，使本联盟所支持的技术标准不断得到接受，并最终获得市场的承认。

2.4.2 技术标准联盟特征

技术标准联盟中的成员是利益的相关体，他们有竞争的产品，但是他们同时又为了共同的标准而付出努力。虽然有时候技术标准的联盟也是竞争者的联盟，但是技术标准联盟最主要的目的是合作进行标准的推广，或者合作开发标准和相关的产品（比如 TD – SCDMA 产业联盟、Wi – Fi 联盟都属于技术标准联盟），它可以是竞争者或者互补者之间的联盟，也可以是供应商的联盟，更可以是综合性的涉及各种成员的联盟。技术标准联盟是战略联盟中的重要形式，但又不同于其他一般战略联盟，与其他战略联盟相比它有以下特征：

（1）影响的深远性。技术标准的形成往往是在产业发展的成长期或变革期，因此技术标准联盟的形成不仅会改变现有的竞争格局，还会影响整个产业的发展方向和进程。

（2）形成过程中竞争和利益权衡的复杂性。与其他战略联盟相比，技术标准联盟具有影响的深远性，这就必然造成形成过程中的激烈竞争，各类企业会站在不同立场上参与和影响技术标准联盟的形成与发展；形成后退出的机会成本较高，一个产业的技术标准一旦形成，要变动将会产生较大成本，在技术标准联盟中陷得越深，变革成本就越大[39]。

（3）联盟网络的开放性、动态性和相对稳定性。开放性表现在网络中各主体对网络联系的自主控制，即自主决定网络联系的建立与中断、加强与减弱。在网络整体层面上表现为网络边界的扩展与收缩。一方面，为了获取创新所需资源，网络需要吸纳其他参与者，网络边界便自主扩张；另一方面，当合作网络的某一联系变为无效时，网络关系便会中断，网络边界收缩。

动态性则体现在主体间的互动过程及合作网络的演化。高新技术标准联盟不是固定的，不可改变的、等级的协议，而是"相对松散、非正式的、隐含的、可分解和重组的相互关系系统"，标准合作网络的主体一般情况下是不变的，但是构成主体的成员是变化的。另外，合作网络中主体间的关系在不同阶段也不同，其互动关系紧密和松散程度不一。

相对稳定性表现在尽管一些结点发生变化，但是整个网络的合作关系具有长期性和相对稳定性。网络关系并不是组织之间的一次性交易关系，而是一个充满活力的长期稳定的合作体。因为，企业加入到合作网络的目标不在于获取短期利益，而是希望通过持续的合作增强自身的竞争能力，以实现长远收益的最大化[80]。

2.4.3　技术标准联盟分类

根据现有文献，对技术标准联盟可用三种方法进行划分[80]。

一是根据联盟是否开放，将技术标准联盟分为开放式联盟和封闭式联盟。在开放式联盟中，所有企业均有机会参与制定标准或者对标准制定施加影响；而封闭式联盟是几个有限的使用同样一个标准或者是推广使用统一标准的较大企业寡头形成联盟，以促使联盟标准成为事实标准。

二是根据联盟的对象可以将技术标准联盟分为横向联盟和纵

向联盟。纵向联盟中企业与供应商形成协作伙伴关系，而横向联盟主要是竞争对手之间为了共同利益而结成技术标准联盟。

三是根据技术标准联盟的产生与发展途径分为两种。一种是通过市场力量先形成核心联盟，再不断接收更多的接受标准的成员；另一种是通过政治的力量来融合资源，形成具有很强政治背景的联盟。最典型的是对移动通信系统标准的分析，美国是通过国内不同联盟之间的市场竞争来推广标准，而欧盟则通过组织机制，先进行一系列的政治对话和外交谈判后，协调内部资源，最终建立起一个统一的正式标准，然后通过这一标准的世界扩散来争夺全球市场。

2.4.4 技术标准联盟模式

根据技术研发和推广阶段的企业个数和企业行为活动以及关键点，技术标准联盟分为混合式、多企业协作式和折中妥协式三种模式[81]。

1. 混合式技术标准联盟

混合式技术标准联盟是单个企业自主技术研发与多企业协作技术推广相结合来设定技术标准。技术开发企业和伙伴企业通过市场协作，借助协作者市场上的优势地位，凭靠较大规模的用户安装基础和品牌信誉，以期新技术迅速占领市场，或抓住被竞争对手忽视的机会，以扩大市场应用来对抗竞争对手的技术优势，使顾客产生使用上的依赖性，直至成为市场上的事实标准。

在此模式中，企业通过自己的实验室、研究所和技术攻关小组开发技术，灵活性较强，能使开发企业独自享有专利权。但是，由于企业独自创新，投入的启动值较少，很大程度上局限了技术创新程度。而且在当今世界全球性的技术竞争不断加剧，技术的综合性和集成性不断加强的情况下，只有实力超强的企业才有可能利用自身的实力独自开发技术标准，而一般情况下是多个公司签订协议进行技术协作开发。

2. 多企业协作式技术标准联盟

多企业协作式技术标准联盟是指多个企业组建技术标准联盟，技术开发和技术推广均有多个企业参与。技术标准联盟中的企业分为核心企业和外围企业。核心企业拥有技术标准所需的必要专利或是技术推广目标市场的绝对市场份额。拥有核心技术的企业，贡献必要专利形成"专利池"，进行专利联营，驱动技术的开发，避免了企业间的双边交叉许可体现出的效率低下弊端。同时，企业通过资源共享和优势互补，降低了创新风险。标准的成功打造不仅需要技术专家，还需要正确代表反映市场需求的市场主导者和代表标准重要使用者的参与，利用联盟的集体市场力量（销售渠道、品牌、信誉、生产能力等）保证标准化的最终成功。外围企业是参与技术标准联盟的技术使用者。使用者的加入增强了市场力量，向市场发出标准成功可能性的信号，网络外部性产生的正反馈效应将有利于技术标准在市场上流行。

3. 折中妥协式技术标准联盟

折中妥协式技术标准联盟是指两三个联盟成员企业分别自主开发了技术，这些不同的技术路线、技术方案在折中、妥协下达成通用标准协议，然后联盟成员把这个通用的技术标准引入市场。这种技术标准联盟模式大大减少了企业市场竞争风险，降低了参与企业的损失。但由于成员企业期望最终达成的通用标准能兼顾各方利益，所以技术标准的诞生往往是一个艰难的过程。

对上述三种技术标准联盟模式的特点进行比较，见表 2 - 3。

表 2 - 3 技术标准联盟三种模式的特点比较
Table 2 - 3 The characteristics comparision of technical standards Union models

模式	技术研发阶段的企业个数和企业行为活动	技术推广阶段的企业个数和企业行为活动	关键点
混合式	单个企业，自主研发	多个企业，共同推广某个企业自主研发的技术	协作推广技术标准
多企业协作式	多个企业，协作研发	多个企业，共同推广协作开发的技术	贡献必要专利，协作技术开发，协作推广技术标准
折中妥协式	多个企业，自主研发	多个企业，共同推广折中妥协的技术	技术兼容

目前，我国高新技术企业相对于国外同类企业，研发能力相对弱小，缺乏核心的自主知识产权技术，造成标准秩序中的缺席。但同时，随着我国优秀的高新技术企业朝核心技术迈进，我国企业的技术实力会有很大的提高。因此，根据我国国情和我国具有的特殊优势，为了增加在高新技术标准争夺中的话语权、提高自主创新能力和国内企业及我国的贸易地位，国内企业应积极参与国内外多企业协作式技术标准联盟、组建国内多企业协作式技术标准联盟。下文将对如何构建国内多企业协作式技术标准联盟进行详细研究。

2.5 本章小结

本章对高新技术转化为技术标准过程中的各种概念、基础理论进行了概述，首先给出了标准及标准化的含义和分类；其次分析了高新技术标准的特点；再次对高新技术转化为技术标准的含义、高新技术标准与专利池的关系、技术标准化模式分类及特点、高新技术转化为技术标准过程进行分析；最后对技术标准联盟的内涵、特征、分类和模式进行概述。为全书以后章节的研究奠定基础。

第3章　基于 SWOT 的高新技术转化为技术标准潜力及策略分析

　　技术标准促进经济增长的分析基于这样一个假定的前提：标准是给定技术和市场条件下的最优技术选择。然而，市场机制以"事后"方式对技术进行选择并形成"市场标准"的过程中，由于技术变迁的路径依赖，存在标准被"锁定"在劣质技术上的风险。专业标准化机构"有意识地"以"事先"的方式制订"机构标准"的过程中，由于信息的局限、利益集团的扭曲等原因，也难以确保标准是最优技术选择的结果。因此，还应该对标准化技术选择的机理进行分析，以此为基础探讨标准化选择最优技术的条件和途径。

3.1　高新技术转化为技术标准潜力评价方法选择

　　评价是指按预定的目的，确定研究对象的属性（指标），并将这种属性变为客观定量的计值或主观效用（效用是对事物价值的主观衡量，是微观经济学中的一个基本概念，在决策分析中属于效用理论）的行为。评价是对研究对象功能的一种量化描述，它既可以利用时序统计数据去描述同一对象功能的历史演变，也可以利用统计数据去描述不同对象功能的差异。

3.1.1 高新技术转化为技术标准潜力评价的必要性

随着经济全球化和高新技术迅猛发展，全球市场竞争从常规的质量、价格、服务和品牌竞争发展到高新技术与服务领域的标准之争。标准是企业获得市场成功的关键因素，在市场竞争中长盛不衰的世界知名企业都是将标准作为市场竞争的战略手段，成为采用标准取胜的行家。

在传统工业化大规模生产时代的技术标准是后补型的。在当今科学技术是第一生产力和经济全球化时代的技术标准是前导型的。例如，在互联网应用前就先有了 IP 协议，在高清晰度彩色电视和第三代移动通信尚未商业化前，有关标准之战就已如火如荼。因此，技术标准、科技研发和成果转化之间的关系更加紧密，三者之间既相互促进、相互制约，又相互依存、相互融合，形成三位一体化的复杂系统。

科技研发是技术标准的基础，科技的发展决定技术标准的发展；首先要有高水平的科学技术成果，并且这些科学技术成果通过标准化将其融入技术标准，标准才能具有竞争力。科学技术成果的水平决定了标准的水平，只有不断提高标准中的科技含量和自主技术含量，标准才能真正适应市场的需求，促进国民经济和社会可持续发展。

科技成果通过技术标准的桥梁和催化剂作用快速扩散和传播，加速科技成果产业化和占领市场的进程，提高产业的竞争力，进而促进社会生产力的发展；同时随着市场出现新的需求对产业提出更高的要求，又刺激和推动新一轮的科技研发。因此，科技成果、技术标准、生产力三者之间，在市场需求的驱动下，通过科技成果快速转化为技术标准、技术标准促进科技成果有效转化为生产力、技术标准通过市场的反馈作用和信息反过来又刺激和推动科技研发的创新发展，从而构成一个循环过程系统，如图 3-1 所示。

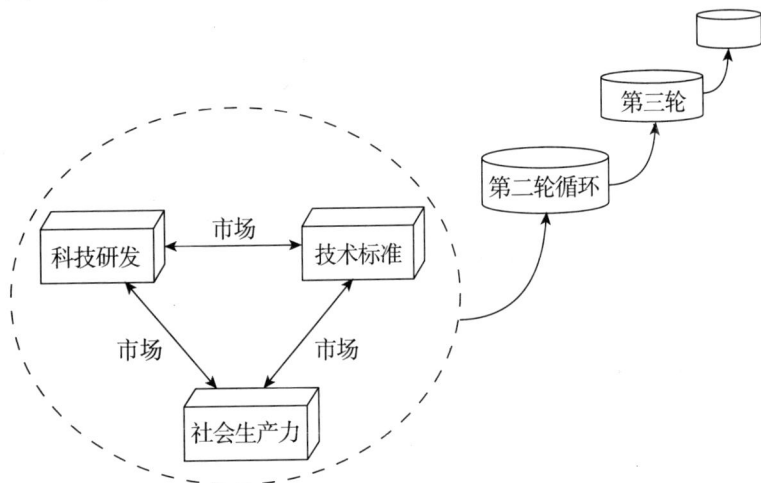

图 3-1　技术标准与科技研发的相互关系

Fig. 3-1　The relationship between technical standards and R&D

当今社会，标准化不仅渗透到现代科技发展的前沿，促进高新技术转化为新的产业，形成新的生产力，而且成为国际经济技术合作和经济贸易中不可缺少的共同语言，成为推动全球经济一体化的助推器。标准的竞争关系到一个企业乃至一个国家在全球市场竞争中的利益分配。标准是一个国家主权在经济领域中的延伸，标准化是国家利益在技术经济领域中的体现，又是国家实施技术和产业政策的重要手段，对促进高新技术产业发展至关重要。作为一个国家，可以将本国的核心技术通过制定国家或国际标准，达到拥有自主知识产权的产品或技术迅速占领市场，实现国家利益。第三代移动通信标准、数字高清晰度电视标准、高密度激光视盘系统标准、非接触 IC 卡标准和中文信息处理标准之争都说明了这一点。

技术创新推动技术标准的发展，技术标准也直接或间接地促进技术创新。基于这种相互作用，同时针对中国在技术标准开发与科技研发之间相互脱节的实际状况，有必要通过加强技术标准开发与科技研发两者的协调发展，推动一批具有国际先进水平和产业化前景的科技成果转化为适应市场需要的技术标准，以提高中国技术标准的科技含量。面对高新技术的迅猛发展、发达国家的强大竞争压力和高新技术产业化的趋势，我国提出了加强高新技术转化为技术标准工作机制创新的 20 字工作方针：早期介入、积极跟踪、自主制定、适时出台、及时修订。为大力推进我国高新技术转化为技术标准，提高标准中的科技含量和自主技术含量。当前比较切实可行的就是从国家"十五"重点支持的科技成果中选择一批具有较大潜力转化技术标准的科技成果进行重点培育。为此迫切需要建立科学有效的科技成果转化技术标准潜力评价的指标体系，在此基础上再采用科学的评价方法，从而科学合理地对科技成果转化为技术标准的潜力大小作出评价，更好地确定重点支持的高新技术转化为技术标准项目。

3.1.2　高新技术转化为技术标准潜力评价的特殊性

谢伟、赵志平（2005）总结技术标准的内涵时认为，技术标准是企业进行一系列技术活动的基础和依据，每个技术标准都由一系列的技术组成。技术是技术标准的核心，是技术标准得到确立的基础，技术本身的性质在很大程度上就决定了其在市场上得以确立与扩散的几率有多大[82]。但是并不是所有的技术都有潜力转化技术标准，根据技术标准的定义内涵，有些技术不具备转化为技术标准的基本条件，可以直接排除。对那些从技术角度看有潜力转化技术标准的高新技术成果，标准技术本身的性质虽然是技术标准确立的基础，但是技术本身的性质并不自然导致标准的确立。还需要高新技术转化为技术标准赖以生存的市场、竞争和国家宏观科技标准环境等社会环境条件。傅钢指出，在高新技术转化为技术标准项目的选择上，我国高新技术企业要密切关注国际标准的发展动向，注意选择国内有相当工作基础，比较成熟，而国际标准尚不完善的标准项目或国际标准尚未开展的标准项目；选择国内外差距不大的项目；选择那些我国资源占优势或带有我国特色的标准化项目[83]。

因此，高新技术转化为技术标准潜力评价首先需要分阶段进行；其次在选择高新技术转化为技术标准项目前，需要对高新技术进行宏观、全面和综合的评价，将技术优劣势及外部环境中的机会和威胁因素相互配合、综合分析，以满足决策者的信息需要。然而，现有的技术评价研究都不是针对技术标准化战略决策展开的，不能满足技术标准化战略决策的上述要求，给出的评价指标和评价方法并不适用，其评价结果也无法为技术标准化决策提供有效的决策支持。

3.1.3 高新技术转化为技术标准潜力评价方法选择

由于高新技术转化为技术标准潜力评价的特殊性，高新技术转化为技术标准潜力评价首先需要分阶段进行。为此，本书设计的高新技术转化为技术标准潜力评价的研究路线为，普遍筛选和重点评价相结合，即：第一阶段，首先在科技部提供的"十五"期间已完成国家科技计划成果库中进行初步排除；在此基础上通过向"十五"期间已完成国家科技计划成果的承担单位发放调研问卷，初步筛选出应培育的国家科技计划成果。第二阶段，首先设计高新技术转化为技术标准潜力评价的竞争性评价指标体系；其次对初步筛选的清单，运用德尔菲法分领域请专家按照竞争性评价指标进行评议打分；在此基础上，对各项目的专家评议打分情况，选择合适的评价方法进行处理，得出综合得分。最后依据数学处理得到的综合得分进行科技成果项目转化为技术标准的总排序。

第二阶段中评价方法的选择是非常重要的。目前的评价方法已有几十到上百种，每种方法都有各自的优缺点和适用的范围，因此，为达到最佳的评价效果，应根据评价对象的特点，选择最合适的方法。目前国内外常用的评价方法有[84]：专家评价法、经济分析法、模糊综合评价法、运筹学和其他数学方法。

其中，模糊综合评价方法（Fuzzy Comprehensive Evaluation, FCE）是一种用于涉及模糊因素的对象系统的综合评价方法。FCE 方法由于可以较好地解决综合评价中的模糊性（如事物类属间的不清晰性，评价专家认识上的模糊性等），而且更加适宜于评价因素多、结构层次多的对象系统，因而该方法在许多领域得到了极为广泛的应用[85]。

高新技术转化为技术标准活动是一个多目标、多层次、结构复杂、因素众多的系统工程，不能简单地用非此即彼来衡量。高新技术的复杂性决定了高新技术转化为技术标准项目评价指标体系中的指标大多是定性指标，在取值上具有较强的模糊性和不确定性，并且高新技术转化为技术标准的潜力是多方面因素综合作用的结果，因此，选择模糊综合评价方法是比较合适的。同时，各因素之间体现出一定的逻辑和层次关系，因此，本书拟采用多级模糊综合评价模型。它可以把定性和定量分析相结合，特别是将决策者的经验判断予以量化，从而在目标结构复杂且缺乏必要数据时尤为实用。它是应用模糊变换原理和最大隶属度原则，考虑被评价事物相关的各个因素，对其作出综合评价，评价的着眼点是所要考虑的各个相关因素。

另外，为了满足高新技术转化为技术标准潜力评价的特殊性，本书将 SWOT 分析思想引入到高新技术转化为技术标准潜力评价与决策中，提出基于 SWOT 的高新技术转化为技术标准项目评价与决策过程，将技术优劣势及外部环境中的机会和威胁各独立因素相互配合，以期对高新技术转化为技术标准潜力进行宏观、全面和综合的评价。

3.2　基于 SWOT 的高新技术转化为技术标准潜力评价指标体系

SWOT 分析是由旧金山大学韦里克（H. Weihrich）教授于 20 世纪 80 年代提出的。其基本思想是：通过对系统内部优势（Strength）、劣势（Weakness）以及外部环境机会（Opportunity）和威胁（Threats）的识别和综合分析，辅助决策者做出最佳战略决策，从而最大限度地发挥系统自身的优势并利用各种发展机会，同时将系统劣势和来自外界的威胁减至最小[86]。目前，

SWOT分析思想已在战略管理领域得到了广泛应用。

3.2.1 高新技术转化为技术标准潜力评价指标体系的三层分类结构

由于高新技术转化为技术标准潜力评价的特殊性和复杂性，其涉及的指标众多，而不同的指标对总的评价目标所产生的影响不相同，因而不能同等对待。为此，本书设计了高新技术转化为技术标准潜力评价指标体系的三层分类结构，即在评价目标与指标层之间加入一个指标分类层，将科技成果转化技术标准潜力评价指标体系中的指标按类别、分层次地组成一个分类多层次结构，将具有某种共性的若干个指标组成一类，每类都有若干个指标。这样使得评价指标体系的层次结构更加清楚，既符合指标体系设计的条理性要求，也使评价者能一目了然、便于理解，更有利于对问题的分析，同时也便于指标的增加、删除和调整[87][88]。按照评价指标的特点，可分为以下两类指标：

（1）筛选性指标。这类指标用于对科技成果项目进行资格审查，考察科技成果项目是否满足转化为技术标准的基本条件，不能满足任何一项筛选性指标的科技成果项目将被排除。筛选性指标的设计能确保在评价的开始阶段就排除掉不可能转化为技术标准的项目，达到减少评价工作量的目的。

（2）竞争性指标。这类指标是评价指标体系中最重要的部分，通过对不同的科技成果项目在同一指标下的横向比较，评判科技成果项目转化技术标准潜力的大小。

在对评价指标分类的基础上，构建三层分类评价指标体系结构如图3-2所示。其中，在目标层描述科技成果转化技术标准潜力；

分类层将所有评价指标分为筛选性指标和竞争性指标两类；指标层是各个具体指标的集合，在这里需要说明的是，对于指标层的指标而言，也可进行细分，从而在指标层中也可衍生出两层甚至多层结构，为了描述方便，将其作为一个整体通称指标层。

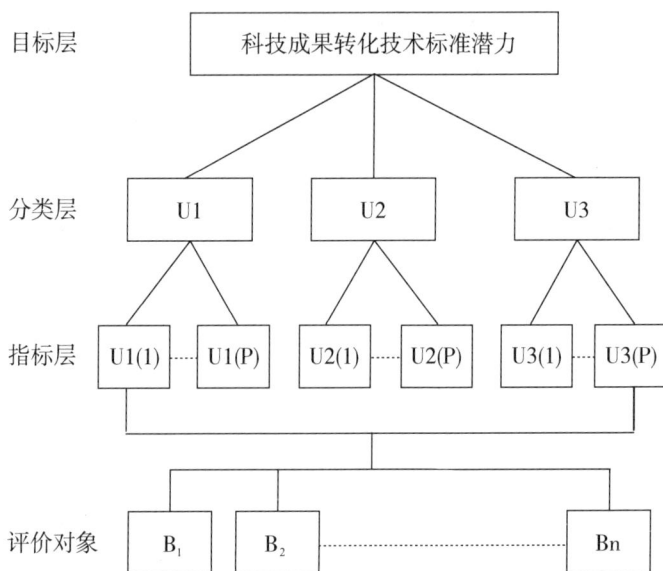

图3-2　科技成果转化为技术标准潜力评价指标体系三层分类结构

Fig. 3-2　The evaluation index system three-tier classification structure of scientific and technological achievements transforming technical standards potential

考虑到总体指标体系的框架，按照层次分析法思想，将科技成果转化为技术标准潜力评价的指标体系分为目标层、分类层、准则层、要素层和指标层等5个层次：

（1）目标层：科技成果转化为技术标准的潜力。

（2）分类层：用来分阶段评价的筛选性指标和竞争性指标。

（3）准则层：用来表征体现科技成果转化为技术标准潜力的3个方面，即成果界定、技术标准化自然属性指标、技术标准化社会环境指标。

（4）要素层：用来表征体现每一个准则层指标的细化要素，具体的描述准则层指标。

（5）指标层：将各种要素指标进一步细化为更直观、更具体的指标。

3.2.2 高新技术转化为技术标准潜力评价筛选性指标体系

根据我国及 ISO 标准的定义，制订标准的对象是重复性事物或概念。科技成果涉及技术若不能重复应用，就不能转化为标准，可直接排除。因此设置成果性质——是否能重复应用指标；如果成果形式已经为技术标准，则没有必要再转化，因此设置成果形式——是否已转化为技术标准指标；成果转化为标准的目的是便于推广进而转化为生产，如果项目不具有推广的必要性或者没有转化为生产的可行性，则可直接排除，因此设置推广必要性——是否有普遍推广的必要性和生产可行性——是否具有转化生产的可行性两项指标；根据我国经济、技术实力和国情，我国选择了"重点突破型"国际标准竞争策略，重点突破是指有重点地选择我国优势领域和特色产业，争取参与国际标准化活动的有利地位，使国际标准更多地反映我国技术要求。因此，设置成果所属产业性质——是否属于优势领域或者特色产业、是否符合国家产业政策、是否属于国家重点支持领域几项指标。也就是根据标准化 15 个重点领域和"十一五"规划提出的重点领域，提出应该优先转化为标准的重点领域。根据成果所属领域是否为重点领域，对成果进行进一步的划分，对非重点领域的成果进行排除。具体指标体系见表 3 - 1。

表 3 - 1 科技成果转化技术标准潜力筛选性评价指标体系

Table 3 - 1 The filtration index system of scientific and technological achievements transforming technical standards potential

分类层	准则层	要素层	指标层	指标说明
筛选性指标	成果界定	成果性质	是否能重复应用	定性指标，可量化为 0, 1
		成果形式	是否已转化为技术标准	定性指标，可量化为 0, 1
		推广必要性	是否具有普遍推广的必要性	定性指标，可量化为 0, 1
		生产可行性	是否具有转化为生产的可能性	定性指标，可量化为 0, 1
		成果所属产业性质	是否属于优势领域和特色产业	定性指标，可量化为 0, 1
			是否符合国家产业政策	定性指标，可量化为 0, 1
			是否属于国家重点支持领域	定性指标，可量化为 0, 1

上述指标数据的获取首先通过发放调研问卷，向项目成果承担单位调查成果性质、形式、所属产业性质以及推广必要性和生产可行性；其次请专家再进一步筛选。因为调研问卷是项目承担者自评，通过收回的问卷发现，根据被调查者回答不能很好地进行排除，因此需要发挥专家的知识经验，结合项目的实际情况，进一步确定项目是否能重复应用、是否具有普遍推广的必要性、是否具有转化为生产的可行性以及是否属于重点领域。以更好地对项目转化为标准的潜力作出客观、公正的评价。如果项目有任何一项指标不符合，则直接排除，否则进入下一环节进行考虑。

3.2.3 基于 SWOT 的高新技术转化为技术标准潜力评价竞争性指标体系

1. 竞争性评价指标体系建立的原则

（1）系统性原则。科技成果转化技术标准的潜力大小不仅要看技术本身的性质，还要看其所处的市场，竞争等环境因素。因此，对高新技术转化为技术标准潜力进行评价不能只考虑某一单项因素，必须采取系统设计、系统评价的原则，才能全面、客观、合理地评估高新技术转化为技术标准的潜力大小。

（2）可行性原则。指标设置应注意指标含义的清晰度，尽量避免产生误解和歧义，另外还应考虑指标数量得当、指标间不出现交叉重复、消除冗余，以此来提高实际评估的可操作性。

（3）定性与定量相结合的原则。高新技术转化为技术标准的潜力不仅限于可以直接用数量来表示的指标，而是更多地体现在难以量化和难以在统计报告中反映的指标中。如果只设定量指标，就不能对高新技术转化为技术标准的潜力有一个完整和全面的评价。因此，本书遵循定性与定量相结合的原则设计指标体系。

（4）全面性与独立性相结合的原则。对高新技术转化为技术标准潜力的评价应该力求考虑全面，否则就达不到本书评价的目的。但如果指标独立性差、相互兼容、重叠，评价结果的准确性和合理性就会大打折扣。因此，在指标体系的设计中应遵循全面性与独立性相结合的原则。

2. 基于 SWOT 的竞争性评价指标体系设计思想

在高新技术转化为技术标准潜力评价指标体系的三层分类结构中，竞争性指标是评价指标体系中最重要的部分，通过对不同的科技成果项目在同一指标下的横向比较，可以评价科技成果转化技术标准潜力的大小。考虑到高新技术转化为技术标准项目潜力评价的特殊性，本书将 SWOT 分析思想引入到高新技术转化为技术标准潜力评价中，综合考虑高新技术转化为技术标准内外影响因素，兼顾技术标准化内部自然属性和外部社会属性，从"面向过程"的观点出发，构建高新技术转化为技术标准潜力评价的竞争性指标体系。其基本设计思想是：

首先，是技术标准化的技术自然属性方面的指标。由于技术是技术标准的核心，是技术标准得到确立的基础，技术本身的性质在很大程度上就决定了其在市场上得以确立与扩散的几率有多大。技术越先进、越成熟，技术的使用寿命就越长，技术的获利能力就越强，该技术的价值也就越大；技术本身是基础专利技术还是从属专利技术，不仅是技术创新性的表现，还决定着该专利技术在技术标准中的地位。从属专利虽然大多比基础专利在技术上先进，但其实施有赖于在前专利，受制于基础专利。所以评价指标体系首先要包括技术自身创新性、先进性、成熟性等技术自然属性指标，也要包括技术转化标准可行性和收益性的技术标准化自然属性指标。

其次，是技术标准化的社会环境方面的指标。标准技术本身的性质虽然是技术标准确立的基础，但是技术本身性质并不自然导致标准确立。由于标准具有网络外部性，根据网络外部性理论，当某种标准达到安装基础的临界点之后，由于市场锁定效应，新用户将只选择此标准而不选择其他标准（帅旭，陈宏民，2003）[89]。因此，评价高新技术成果转化技术标准的潜力还需要评价高新技术转化为技术标准赖以生存的市场、竞争和国家宏观科技标准环境等技术标准化社会环境方面的指标。

（1）对于标准主导国家，需要有一个足够大的需求市场，预期安装基础对于标准的扩散至关重要。要引发技术标准的正反馈机制，必须达到一定的临界容量。因此需要考虑市场需求的总量及其变化情况。

（2）在我国经济、技术实力与发达国家存在较大差距的情况下，与强手竞争，必须选好具有市场前景的技术和产品作为竞争重点和突破口，集中优势资源实施重点突破，确保突破一项国际标准就能给我国带来一定的经济效益。也就是说，不仅要站在技术角度看是否可行，还要站在国家角度、国际产业的角度看是否可行，充分考虑产业现状和发展趋势、标准的市场适应性、现有相关国际标准的现状和趋势等问题。因为，标准演进对标准有很好的指导作用，依据各领域的演进方向选择的科技成果、体现国际产业发展趋势的技术成果更容易转化为技术标准。

（3）政府在标准设立、实现和扩散中有重要作用，政府可以影响用户预期、通过政策和法规提供一个适合标准形成、实现与扩散的环境来影响高新技术转化为技术标准，因此还要考虑政府宏观政策环境的影响，充分考虑成果与国家宏观科技发展战略的一致性、政府在该技术领域的研究与开发投入、政府资助的强度、与国家和行业制定的产业政策的相容度等方面的情况。

最后，技术标准化可以看做是技术形态的一种转换过程，由此可以从技术输入、技术标准转化、技术标准输出的过程出发进行考虑。技术输入主要考虑技术自身的一些重要属性，如创新性、先进性、成熟性；技术标准转化则强调技术标准化过程的可行性；技术标准输出主要考虑技术标准的市场需求、产出效益及竞争强度、而整个过程又是在宏观大环境下实现的，还要考虑国家宏观的科技标准大环境对技术标准化过程的影响。

3. 基于 SWOT 的竞争性评价指标体系及其说明[90][91][92][93][94][95]

按照系统性、可行性、定量与定性相结合、全面性与独立性相结合的原则，运用 SWOT 分析的思想，经过同多位专家及专业人士反复地座谈、调研、试算和比较，参考各项理论研究成果及国内外科技成果评价的文献，最终确定了科技成果转化技术标准潜力评价指标体系见表 3 - 2。在表 3 - 2 中，对要素层指标进行了细分，给出了指标说明和评价等级及标准。

表 3 - 2 科技成果转化技术标准潜力竞争性评价指标体系
Table 3 - 2 The competitive evaluation index system of scientific and technological achievements transforming technical standards potential

分类层	准则层	要素层	指标层	指标说明（评价等级及标准）			
				V1 很好	V2 较好	V3 一般	V4 较差
竞争性指标	技术标准化自然属性指标（SW）	技术创新性	技术创新程度	根本式创新	渐进式创新	模仿创新	无创新
			技术创新水平	国际领先	国际先进	国内领先	国内先进
		技术先进性	技术的知识产权情况	基础专利	从属专利	正在申请专利	普通技术
			解决该领域技术难题或热点问题程度	很高	较高	一般	较少
			技术知识含量	很高	较高	一般	较少
		成果转化为技术标准的可行性	利益相关方对技术的认可程度	非常认可	认可	一般	不认可
			技术成熟度	相当成熟	一般	不成熟	极不成熟
			技术适应性	很强	较强	一般	较弱
			技术使用范围	很大	较大	一般	较小
			技术实现成本	较易满足	不易满足	较难满足	很难满足
			与相关技术的协调性	很好	较好	一般	较差
		成果转化为技术标准的收益性	经济效益	很好	较好	一般	较差
			环境效益	很好	较好	一般	较差
			社会效益	很好	较好	一般	较差

续表

分类层	准则层	要素层	指标层	指标说明（评价等级及标准）			
				V1 很好	V2 较好	V3 一般	V4 较差
竞争性指标	技术标准化社会环境指标（OT）	市场需求	市场需求总量	很大	较大	一般	较小
			市场需求变化趋势	大幅度递增	小幅度递增	基本保持稳定	逐步下滑
			市场需求的迫切性	十分迫切	较迫切	一般	不迫切
		竞争状况	对应国际国外标准情况	空白	有标准提案	有标准但未得到广泛应用	有标准并得到广泛应用
			相应标准的安装基础（市场占有率）	很低	较低	一般	较高
			主要竞争对手数量	很少或无	较少	一般	较多
			竞争技术可替代程度	无法替代	可替代非关键技术	可替代关键技术	可完全替代
		宏观科技、标准及产业环境	与国家宏观科技发展战略的一致性	完全一致	基本一致	不一致	极不一致
			政府在该技术领域的研究与开发投入	很大	较大	一般	较低
			政府资助的强度	很大	较大	一般	较低
			与国家和行业制定的产业政策的相容度	完全相容	基本相容	不相容	极不相容
			与对应领域国际标准演进方向的一致性	完全一致	基本一致	不一致	极不一致
			对应国际产业现状	刚刚形成产业	没有固定格局	初步形成一定格局	形成垄断格局

　　由于实际高新技术转化为技术标准项目复杂多样，表 3 - 2 给出的评价指标体系还应根据具体项目情况做出适当调整。

3.3 基于 SWOT 的高新技术转化为技术标准潜力及策略分析

3.3.1 高新技术转化为技术标准潜力评价模型的构建

根据高新技术转化为技术标准潜力评价的特殊性，本书选择采用多级模糊综合评价模型，来评价高新技术转化为技术标准的潜力。多级模糊综合评价就是先把要评价的某一事物的多种因素，按其属性分为若干类大因素，然后对每一类大因素进行初级的综合评价，最后再对初级评价的结果进行高一级的综合评价。建立模型的具体步骤如下[96][97]：

1. 确定因素集

$$U = \{U_1, U_2, \cdots, U_N\}$$

$U_i = \{u_{i1}, \quad u_{i2}, \quad \cdots, \quad u_{ik}\}$，$i = 1, 2, \cdots, N$，即 U_i 中含有 k 个因素，并且满足以下条件：

$$\bigcup_{i=1}^{N} U_i = U; \quad U_i \cap U_j = \Phi, \quad i \neq j$$

根据科技成果转化国际标准潜力指标体系，本书运用三级模糊综合评价，其因素集划分可见表 3-7。

2. 确定评语集

$$V = \{v_1, v_2, \cdots, v_m\} = \{优, 良, 中, 差\}$$

3. 确定指标权重矩阵 A

设置指标权重是为了反映不同指标其重要程度的不同。指标权重确定方法有许多种，在本书中主要使用了三种，即德尔菲法、层次分析法和对偶比较法。

（1）德尔菲法[98]

德尔菲法是美国兰德公司首先使用的一种专家调查方法，亦称为专家意见征询法，是一种向专家反复函询收集意见，预测的方法。它的特点是匿名性、轮间反馈沟通情况、结果的统计特性、需要进行几轮。其基本步骤如下：

第一步，选取专家。选取本领域中既有实际工作经验又有较深理论修养的专家，并征得专家本人的同意。这里的专家不仅仅局限于权威，而是某个领域的专家，国外认为在一定领域连续工作十年以上的干部都可称为专家。在选择专家时，除了本技术领域专家外，为了求得最佳集体效应，还可以邀请相关学科专家参加。专家人数太少在代表性和权威性方面可能不足，人数太多又给结果处理带来很多困难。经过大量研究发现，专家人数以 5 ~ 20 人为宜。并且要求专家之间处于互相不知道的隔离状态。

第二步，将有关资料以及相关规则发给选定的各位专家，请他们独立地给出自己的意见。

第三步，回收并整理出结果。收回后，成果评价的主持人员进行归纳，如果意见一致，则此轮结束；若偏差较大，则进行第四步。

第四步，将结果及补充资料返还给各位专家，要求所有的专家在新的基础上重新给出自己的意见。

第五步，重复上述第三和第四步，直至各专家的意见基本趋于一致。收回专家意见后，统计，分析得出结论。

德尔菲法集中了专家的经验与意见，并不断地反馈和修改，同时排除了人际关系干扰，具有很大优越性，能够得到比较满意的结果。因此，本书在取得原始数据时采用该方法。

（2）层次分析法[99][100]

层次分析法（Analytical Hierarchy Process，简称 AHP）是美国匹兹堡大学教授 A. L. Saaty 于 20 世纪 70 年代提出的一种能将定性分析与定量分析相结合的系统分析方法，是一种分析多目标、多准则的复杂大系统的有力工具。AHP 将人们的思维过程和主观判断数学化，不仅简化了系统分析与计算工作，而且有助于决策者保持其思维过程和决策原则的一致性，因此，层次分析法在描述指标的相对重要程度、确定指标权重时得到了较为广泛的应用。

AHP 通过分析复杂系统所包含的因素及相关关系，将问题条理化、层次化，构造一个层次分析结构模型，将每一层次的各要素两两比较，按照一定的标度理论，得到相对重要程度的比较标度并构建判断矩阵，计算判断矩阵的最大特征值及其特征向量，得到各层次要素对上层次某要素的重要性次序，从而构建权重向量。其主要步骤如下：

第一步，对模型中的指标构造判断矩阵。判断矩阵表示针对上一层次某因素而言，本层次与之有关的各因素之间的相对重要性。假定 A 层中因素 A_k 与下一层次中因素 B_1，B_2，…，B_n 有联系，则所构造的判断矩阵见表 3 - 3。

表 3 - 3　判断矩阵示意表
Table 3 - 3　The judgment matrix table

A_k	B_1	B_2	...	B_n
B_1	b_{11}	b_{12}	...	b_{1n}
B_2	b_{21}	b_{22}	...	b_{2n}
$\vdots$	$\vdots$	$\vdots$	$\vdots$	$\vdots$
B_n	b_{n1}	b_{n2}	...	b_{nn}

注：如 $b_{12} = \dfrac{B_1 \text{因素}}{B_2 \text{因素}}$，$b_{2n} = \dfrac{B_2 \text{因素}}{B_n \text{因素}}$

其中，b_{ij} 是对于 A_k 而言，B_i 对 B_j 的相对重要性的数值表示，b_{ij} 的取值根据所选择标度的不同而不同。到目前为止，人们已提出了近十种标度，如 0~2 三标度法、-1~1 三标度法、五标度法、1~9 标度法、9/9~9/1、指数标度法和 10/10~18/2 标度等。通常人们所采用的标度为 1~9 比例标度，即 b_{ij} 取 1，2，3，…，9 及它们的倒数，其含义见表 3 - 4。

表 3 - 4　相对重要性等级表
Table 3 - 4　The table of relative importance degrees

标度	含义	标度	含义
9 8	两个元素相比，前者比后者极重要	1/9 1/8	两个元素相比，后者比前者极重要
7 6	两个元素相比，前者比后者强烈重要	1/7 1/6	两个元素相比，后者比前者强烈重要
5 4	两个元素相比，前者比后者重要	1/5 1/4	两个元素相比，后者比前者重要
3 2	两个元素相比，前者比后者稍重要	1/3 1/2	两个元素相比，后者比前者稍重要
1	两个元素相比，前者和后者同样重要	1	两个元素相比，后者和前者同样重要

第二步，求判断矩阵的特征根和相应的特征向量。一般采用方根法计算判断矩阵的特征根和相应的特征向量。

第三步，进行一致性检验，得到单排序结果：

①计算一致性指标：$C.I. = \dfrac{\lambda_{max} - n}{n - 1}$

②找出相应的平均随机一致性指标：$R.I$

③计算一致性比例：$C.R. = C.I./R.I$

当 $C.R. < 0.1$ 时，可接受一致性检验，否则对 A 修正。

AHP 的流程图如图 3 - 3 所示。

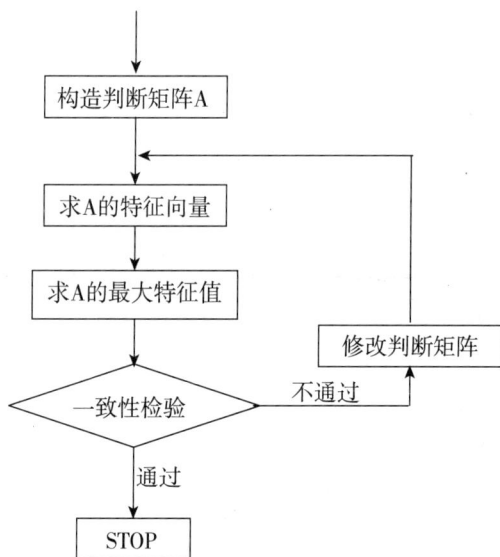

图 3 - 3　层次分析法流程图
Fig. 3 - 3　Flow chart of AHP

　　层次分析法要求评价者对照"相对重要性函数表"给出因素集中两两比较的重要性等级，把专家的智慧和理性分析结合起来，在很大程度上降低了不确定因素，因而可靠性高、误差小。因此，本书在确定技术标准化自然属性和社会环境属性的指标权重时采用该方法。

（3）对偶比较法

对偶比较法是层次分析法的变形。

设 x_1 与 x_2 是两个比较指标，若 x_1 比 x_2 重要得多，则 x_1 记为 4 分，x_2 记为 0 分；若 x_1 较 x_2 略重要些，则 x_1 记为 3 分，而 x_2 记为 1 分；若 x_1 与 x_2 同等重要，则 x_1 和 x_2 各记 2 分。

假设有 x_1、x_2、x_3、x_4、x_5 此 5 个指标，要确定它们各自的权重。其步骤如下：

首先，确定各对指标比较的顺序。如 x_1 分别与 x_2、x_3、x_4、x_5 比较，x_2 再与 x_3、x_4、x_5 比较……根据上述顺序，按 0~4 记分规定在各行各列中填入，结果见表 3-5。

表 3-5　指标之间重要性比较表
Table 3 5 The importance comparison among measures

指标 ＼ 指标	x_1	x_2	x_3	x_4	x_5
x_1		a_{12}	a_{13}	a_{14}	a_{15}
x_2	a_{21}		a_{23}	a_{24}	a_{25}
x_3	a_{31}	a_{32}		a_{34}	a_{35}
x_4	a_{41}	a_{42}	a_{43}		a_{45}
x_5	a_{51}	a_{52}	a_{53}	a_{54}	
总分 $\sum_{i=1}^{5} a_{ij}$	$\sum_{i=1}^{5} a_{i1}$	$\sum_{i=1}^{5} a_{i2}$	$\sum_{i=1}^{5} a_{i3}$	$\sum_{i=1}^{5} a_{i4}$	$\sum_{i=1}^{5} a_{i5}$
权重 r_i	r_1	r_2	r_3	r_4	r_5

然后将每列的得分数相加即得到倒数第二行：x_1、x_2、x_3、x_4、x_5 此 5 个指标的总分，

$$\sum_{i=1}^{5} a_{i1} = a_{21} + a_{31} + a_{41} + a_{51}$$，依此类推……

再将 5 个指标的总分相加得到它们的总和：

$$\sum_{j=1}^{5} a_{ij} = \sum_{i=1}^{5} a_{i1} + \sum_{i=1}^{5} a_{i2} + \sum_{i=1}^{5} a_{i3} + \sum_{i=1}^{5} a_{i4} + \sum_{i=1}^{5} a_{i5}$$

最后，将每个指标的总分除以总和，即得到最后一行 x_1、x_2、x_3、x_4、x_5 此 5 个指标的权重。

$$r_1 = \frac{\sum_{i=1}^{5} a_{i1}}{\sum_{j=1}^{5} a_{ij}}，依此类推……$$

对偶比较法一般只用于各个层次内确定同一层次内各指标的权重。因此，本书指标层指标权重的确定采用该方法。

4. 确定单因素评价矩阵并进行 SWOT 识别

（1）确定单因素评价矩阵 $\underset{\sim}{R}$

设有 n 个评价因素，m 个评价样本，则评价因素集合 U 和评语集合 V 之间的模糊关系可用评价矩阵 $\underset{\sim}{R}$ 来表示：

$$\underset{\sim}{R} = \begin{pmatrix} r_{11} & r_{12} & \cdots & r_{1n} \\ r_{21} & r_{22} & \cdots & r_{2n} \\ \vdots & \vdots & \vdots & \vdots \\ r_{m1} & r_{m2} & \cdots & r_{mn} \end{pmatrix}$$

其中 r_{ij} 表示对应于评价因素 U_i，该评价对象的第 j 个评语。

在进行科技成果转化技术标准潜力评价时，指标是不能直接量化的，称为定性指标，或软指标。为了评价的需要，需对其进行量化。本书采用模糊隶属度赋值法，通过发放调查问卷和对问卷进行统计处理得到软指标的评价值。此评价值是介于 0 和 1 之间的数值。由专家组对评价对象的每一个指标进行相对等级评判，则隶属度为：r_{ij} = 判断某指标属于相应等级专家个数/专家总数。

（2）进行 SWOT 识别

根据单因素模糊评价结果 R ，可识别技术标准化的优劣势以及外部环境中存在的机会和威胁。将所有技术标准化评价指标从两维角度划分为四类：技术优势、技术劣势、技术标准化机会、技术标准化威胁。其中，横向划分的依据是各指标所描述的技术属性类别，纵向划分的依据是各指标由最大隶属度原则所确定的评价等级，如图 3 - 4 所示。

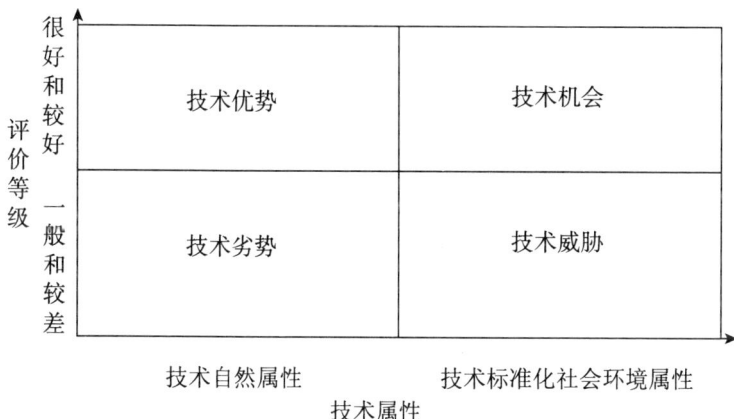

图 3 - 4　SWOT 识别图

Fig. 3 - 4　The recognition figure of SWOT

5. 进行模糊综合评价

在科技成果转化技术标准潜力评价模型中，本书采用的是三级模糊综合评价。简便起见，此处以二级模糊综合评价为例进行一般说明。按模糊合成运算方法的不同，有多种类型的模糊算子。根据高新技术转化为技术标准的特点，此处采用广义算子 m（o，＋），这种算子适合对所有因素依权重大小均衡考虑[101]。

（1）初级评价

对每个 $U_i = \{u_{i1}, \quad u_{i2}, \quad \cdots, \quad u_{ik}\}$ 的 k 个因素，按初始模型作综合评价。设 U_i 的因素重要程度模糊子集为 $\underset{\sim}{A_i}$，U_i 的 k 个因素的总的评价矩阵为 R_i，于是得到：

$$\underset{\sim}{A_i} \circ R_i = \underset{\sim}{B_i} = (b_{i1}, b_{i2}, \cdots b_{in}), \quad i = 1, 2, \cdots, N$$

式中，$\underset{\sim}{B_i}$ 为 U_i 的单因素评价。

（2）二级评价

设 $U = \{U_1, U_2, \cdots, U_N\}$ 的因素重要程度模糊子集为 $\underset{\sim}{A}$，且 $\underset{\sim}{A} = (\underset{\sim}{A_1}, \underset{\sim}{A_2}, \cdots, \underset{\sim}{A_N})$，则 U 的总的评价矩阵 $\underset{\sim}{R}$ 为：

$$\underset{\sim}{R} = \begin{pmatrix} \underset{\sim}{B_1} \\ \underset{\sim}{B_1} \\ \vdots \\ \underset{\sim}{B_N} \end{pmatrix} = \begin{pmatrix} \underset{\sim}{A_1} \circ \underset{\sim}{R_1} \\ \underset{\sim}{A_2} \circ \underset{\sim}{R_2} \\ \vdots \\ \underset{\sim}{A_N} \circ \underset{\sim}{R_N} \end{pmatrix}$$

则得出总的（二级）综合评价结果，即：

$$\underset{\sim}{B} = \underset{\sim}{A} \circ \underset{\sim}{R}$$

这也是因素集 $U = \{U_1, \quad U_2, \quad \cdots, \quad U_k\}$ 的综合评价结果。

在模糊综合评价中，若每个子因素 $U_i(i = 1, 2, \cdots, N)$ 仍有较多因素，则可将 U_i 再划分，于是有三级或更高级模型，以实现多级模糊评价。

（3）定量化评价结果

为了定量、综合地表示评价结果，可以对等级赋值。假设"优"为100，"良"为80，"中"为60，"差"为40，构成向量 $Q = (100, 80, 60, 40)$，则赋值后定量化为：$Z = \underset{\sim}{B} \circ Q$，通过

比较 Z 的大小可以对多个拟转化项目进行横向比较。

由于技术标准的确定是技术和市场共同作用的结果，所以高新技术成果转化技术标准中技术标准化的自然属性和社会属性具有同等的地位，这里取相同的权重各为 0.5。

3.3.2 基于 SWOT 的高新技术转化为技术标准策略分析

1. 技术定位

根据模糊综合评价结果，依据图 3－4 的方法识别出技术综合优劣势以及整个环境中的机会和威胁状况，并依据图 3－5 进行技术转化技术标准的定位。

外部环境综合评价结果

	机会（O）	优势（S）	劣势（W）
机会（O）		S>W O>T ①	S<W O>T ③
威胁（T）		S>W O<T ②	S<W O<T ④

优势（S）　　　　　劣势（W）

内部属性综合评价结果

图 3－5 技术标准化定位图

Fig. 3－5 The standardization positioning figure

2. 技术标准化策略选择

根据我国国际标准竞争策略研究课题组的研究结论[102]：我

国应该选择"重点突破型"国际标准竞争策略。重点突破是指有重点地选择我国优势领域和特色产业，争取参与国际标准化活动的有利地位，使国际标准更多地反映我国技术要求，确保我国重点领域和特色产业在国际市场竞争中抢占战略制高点。"重点突破"的内容包括：有重点地跟踪采用国际标准、参与国际标准制定、实力主导制定国际标准、承担国际标准化机构管理层和技术层的领导职务。

根据图 3－5 中评价技术所处的象限位置，并按照"波士顿矩阵"的划分方法，可以把拟进行标准化的技术分为"明星技术""现金牛技术""问号技术"和"瘦狗技术"4 类。针对不同的技术类型，可做出相应的策略选择，见表 3－6。

表 3－6　技术标准化策略选择表

Table3－6　The standardization tactic selecting sheet

技术标准化项目类型	技术标准化特征	在技术标准化定位图中所处的象限位置	技术标准化策略选择
明星项目	技术标准化内部属性综合评价为 S＞W 技术标准化外部属性综合评价为 O＞T	处在 ① 的位置上	主导型标准化策略（实力主导制定国际标准）
现金牛项目	技术标准化内部属性综合评价为 S＞W 技术标准化外部属性综合评价为 O＜T	处在 ② 的位置上	参与型标准化策略（参与国外技术标准联盟）
问号项目	技术标准化内部属性综合评价为 S＜W 技术标准化外部属性综合评价为 O＞T	处在 ③ 的位置上	参与型标准化策略（参加标准化组织反映我国要求）
瘦狗项目	技术标准化内部属性综合评价为 S＜W 技术标准化外部属性综合评价为 O＜T	处在 ④ 的位置上	有重点地跟踪采用国际标准策略

（1）重点实力主导制定国际标准——抢占优势特色领域技术标准竞争战略制高点。

提高自主创新能力、建设创新型国家已成为我国的重大战略决策。国外专利池过高的专利收费使我们深切认识到自主创新和自主知识产权的重要性。虽然大多数国内企业匮乏跨国技术标准联盟所要求的必要专利，或者已掌握的自主知识产权技术尚未达到必要专利的评估门槛，但是当代科学技术发展日新月异，新兴学科不断涌现，高新技术产品生命周期不断缩短。这就使得我国在许多领域与发达国家处在相同或相近的起跑线上。

我国在信息技术、生物技术和超导技术等领域，有的是与发达国家在同步发展。我国完全可以在相对优势和巨大市场需求的一些高新技术领域取得突破。所以针对技术标准化内部属性综合评价为 S＞W 和技术标准化外部属性综合评价为 O＞T 的明星项目，我国可以实行实力主导型自主研发标准化策略，由我国主导制定技术标准。对处在①的位置上的明星项目实行实力主导型自主研发标准化策略，符合国家产业技术战略的发展目标。国家产业技术战略的发展目标是，2010 年前，国际标准竞争策略将重点支持具有自主创新能力和国际竞争能力的大型企业和企业集团积极参与国际标准制定和参与国际标准化活动；重点支持与国际先进水平保持同步发展、重点生产领域的关键技术基本达到国际先进水平的部分高新技术企业积极主导制定国际标准。所以以这些明星项目为基础由我国实力主导制定的国际标准将会有力地促进我国产业结构高质化的进程，推动国民经济的跨越式发展。

对于技术力量和资金原本就相对薄弱的我国而言，集中研发资源共同对抗国外标准可能是更为明智的选择。如果因重复研发导致创新投资无法得到回报，将严重挫伤我国企业自主创新的积极性。在抢占标准话语权的过程中，企业要牢牢把握产业转型、产业融合、产业扩展的机会，以合作与务实的心态，通过以市场为导向，将专利与标准结合，强势企业组建标准联盟等策略，以提高研发能力争取专利为支点，以政府支持为后盾，以标准中介机构为依托，参与全球标准制定，改善"中国标准化弱国"及"中国企业标准化弱势"的地位。在具有优势和特色的高新技术领域，国内同行业中的几家领先企业共同组建标准联盟，围绕核心技术进行合作开发，充分利用我国丰富的市场资源，积累大规模的"安装基础"，推动技术标准的形成。如我国的 TD－SCDMA 产业联盟、长风联盟、闪联等所倡导的大企业联合自主研发的模式，弥补了中国企业在国际市场突破时缺乏核心技术能力的缺陷，将为中国迎来巨大的市场前景和国际技术话语权。

（2）实质参与——提高重点领域技术标准的竞争力。

针对技术标准化内部属性综合评价为 S＞W，技术标准化外部属性综合评价为 O＜T 的现金牛项目和技术标准化内部属性综合评价为 S＜W，技术标准化外部属性综合评价为 O＞T 的问号项目，我国应该采用实质参与战略。实质参与是指，积极参与事关我国利益的国际标准制定及相应的国际标准化活动，争取使重点领域的国际标准反映我国的技术要求。

针对技术标准化定位图中处在②的位置上现金牛项目，我们要依靠技术优势通过参与跨国多企业协作式技术标准联盟来实现重点参与。国内企业参与跨国多企业协作式技术标准联盟的好处有四个：一是创造条件，冲破西欧、美国、日本等发达国家把持国际标准制定的垄断局面，把我国企业的一些意见和要求，充分反映到国际标准中去，使我国更多的提案为国际标准采纳；二是可以帮助我国企业在标准竞争中把握国际技术走向，保持技术主动姿态，实现顺轨创新，防止落入对技术标准制定企业的外部路径依赖性导致的"追赶陷阱"中；三是学习和借鉴国外大企业在技术标准制定、管理和全球范围内推广的经验；四是积极加入国外大公司发起的标准联盟，不仅可以保证我国企业自主开发的技术与国际标准相容，而且也有利于我国企业学习国外的先进技术和成熟的商业运作模式。

针对技术标准化定位图中处在③的位置上问号项目，若属于对我国产品出口、市场竞争有重大影响，并且是力争反映我国利益和要求的标准化项目，我国应该实行实质参与策略。由于这些项目本身的技术自然属性综合评价为劣势大于优势，因此我国只能凭借广阔的市场潜力等标准化的社会环境方面的优势实质参与。对这些列入重点参与的项目，国家有关部门要从人力、物力上给予重点保证和支持，会前做好充分的准备，保证把我国的利益和要求真正反映到有关国际标准中去，起到实质参与的作用。具体来说实质参与体现在以下几个方面：在国际标准征求意见、表决阶段要投出实质性的表决票；在国际标准化组织的会议上，要提出反映我国利益的实质性的意见；在事关我国利益的国际标准制定中，要参加到相关标准起草工作中去；争取承担国际标准化组织的主席、副主席及管理层领导职务，重点争取承担事关国家经济利益的国际标准化技术委员会秘书处工作。

在我国经济实力和技术实力与发达国家存在较大差距，实力主导制定国际标准存在一定困难的情况下，通过实质参与国际标准化活动，是使国际标准反映我国技术要求的一种投资少、见效快的策略。在研发过程中积极参与标准制定的准备工作，并尽量使自己的技术在标准形成中发挥作用，可有效地避免按别人的规则办事。通过实质参与国际标准的制定，熟悉国际贸易规则，熟悉国际标准化规则；通过积极参与全球标准的制订，打造国际影响；通过消除标准规则的垄断，改善生存空间；同时逐步积累经验，为实力主导制定国际标准奠定基础。

（3）有效采用——提高整体技术标准水平。

和发达国家相比，中国技术标准制定和推行工作起步较晚，因此大多数技术标准化项目的评价属于技术标准化内部属性综合评价为 S < W，技术标准化外部属性综合评价为 O < T 的瘦狗项目，对这些项目我们已经没有办法左右国际标准的产生和日益广泛地被适用，在这些领域只能实行"有效采用"策略。

有效采用国际标准是指：仅等同采用对我国适用有效的国际标准；国际标准中的内容对我国不适用的应修改后采用，并且在必要时与我国的标准或技术进行合理整合；对我国适用有效的国际标准要提前介入，同步制定，及时转化。

有效采用的关键点是"有效、快捷"。在采用国际标准的工作中要强调"效果和效率"，而不只是强调"采标率"。这里的效果和效率是指技术上合理、适用；对经济、贸易发展有利；在跟踪国际标准的基础上，对适用的国际标准应及时采用。在有效采用的基础上，要及时发现国际标准中对我国不利的内容，并尽快向国际标准组织提出我国的修改建议，以便使新的国际标准向着有利于我国的方向发展。

我国是发展中国家，有效采用国际标准和国外先进标准是提高我国技术标准整体水平的重要政策。通过有效采用国际和国外标准，达到追赶国际标准水平的目的。

有效采用国际标准、实质参与国际标准制定和重点实力主导制定事关我国利益的国际标准，这三个不同层次的策略互为支撑，有效采用是实质参与和实力主导的基础；实质参与和实力主导为有效采用国际标准提供有利条件。

3.3.3　实证分析

鉴于高新技术领域标准的重要作用，国家拟在"十五"重点支持的科技成果中选择一批具有较大潜力转化技术标准的科技成果进行重点培育，因而需要进行高新技术转化为技术标准的潜力评价，以选择适宜的技术标准化策略。根据上述模糊综合评价模型，本书仅以某一项科技成果为例进行实证分析，其他科技成果转化技术标准潜力只给出最后结果[103]。具体过程如下。

1. 划分因素集 U

根据高新技术转化为技术标准潜力评价指标体系，本书采用三级模糊综合评价模型，因素集划分见表 3 - 7。

表 3 - 7　高新技术转化为技术标准潜力评价指标体系因素划分表

Table3 - 7　The potential evaluation index system factor division
of High - techtransforming technical standards

分类层	准则层	要素层	指标层
竞争性指标	技术标准化自然属性指标（U_1）	技术创新性（U_{11}）	技术创新程度（U_{111}）
			技术创新水平（U_{112}）
		技术先进性（U_{12}）	技术的知识产权情况（U_{121}）
			解决该领域技术难题或热点问题程度（U_{122}）
			技术知识含量（U_{123}）
		成果转化为技术标准的可行性（U_{13}）	利益相关方对技术的认可程度（U_{131}）
			技术成熟度（U_{132}）
			技术适应性（U_{133}）
			技术使用范围（U_{134}）
			技术实现成本（U_{135}）
			与相关技术的协调性（U_{136}）
		成果转化为技术标准的收益性（U_{14}）	经济效益（U_{141}）
			环境效益（U_{142}）
			社会效益（U_{143}）
	技术标准化社会环境指标（U_2）	市场需求（U_{21}）	市场需求总量（U_{211}）
			市场需求变化趋势（U_{212}）
			市场需求的迫切性（U_{213}）
		竞争状况（U_{22}）	对应国际国外标准情况（U_{221}）
			相应标准的安装基础（市场占有率）（U_{222}）
			主要竞争对手数量（U_{223}）
			竞争技术可替代程度（U_{224}）
		宏观科技、标准及产业环境（U_{23}）	与国家宏观科技发展战略的一致性（U_{231}）
			政府在该技术领域的研究与开发投入（U_{232}）
			政府资助的强度（U_{233}）
			与国家和行业制定的产业政策的相容度（U_{234}）
			与对应领域国际标准演进方向的一致性（U_{235}）
			对应国际产业现状（U_{236}）

2. 确定评语集 V

在评价科技成果转化为技术标准的潜力时，可以将其分为一定的等级。在此，从专家打分的角度把评价的等级分为优、良、中和差 4 个等级。因此，评语集表示为：

$$V = （优，良，中，差）$$

3. 确定权重矩阵 A

（1）要素层各指标权重的确定

第一，原始数据的获得。设计指标权重调查表（表 3 - 8，表 3 - 9），请专家根据各指标的相对重要度，按 1 ~ 9 标度进行打分。以技术标准化社会环境指标下的要素层指标权重确定为例，专家需根据"市场需求"、"竞争状况"、"宏观科技、标准及产业环境"等 3 个方面对技术标准化社会环境的作用大小，对其进行两两比较，按 1 ~ 9 标度进行打分，并将比较结果填入权重调查表。

表 3 - 8　技术标准化自然属性指标权重调查表
Table 3 - 8　The standardization natural attribute index weight questionnaire

	技术创新性	技术先进性	成果转化为技术标准的可行性	成果转化为技术标准的收益性
技术创新性	1			
技术先进性		1		
成果转化为技术标准的可行性			1	
成果转化为技术标准的收益性				1

表 3 – 9 技术标准化社会环境指标权重调查表
Table 3 – 9 The standardization society environment index weight questionnaire

	市场需求	竞争状况	宏观科技、标准及产业环境
市场需求	1		
竞争状况		1	
宏观科技、标准及产业环境			1

为便于专家正确判断，合理使用本表，结合 1 ~ 9 标度的特点给出填表说明：①以对角线为界，只填右上部分；因为判断矩阵为逆对称矩阵，即有 $b_{ij} \times b_{ji} = 1$，所以各专家只需要给出上半矩阵的分值即可。②行要素与列要素相比，行要素为前者，列要素为后者；也就是说，以表的左边列要素为前者，以表的最上面横行的要素为后者。

按照上文介绍的德尔菲法的基本步骤，通过反复 3 次征求了 15 名专家的意见，将专家意见加以综合，从而确定、调整和改进比较判断指标。根据收集的数据列出判断矩阵构成表。技术标准化自然属性和社会环境属性指标的权重判断矩阵见表 3 – 10 和表 3 – 11。

表 3 – 10 技术标准化自然属性指标的权重判断矩阵
Table 3 – 10 The standardization natural attribute index weight judge matrix

	技术创新性	技术先进性	成果转化为技术标准的可行性	成果转化为技术标准的收益性
技术创新性	1	1/2	1/7	1/5
技术先进性	2	1	1/5	1/3
成果转化为技术标准的可行性	7	5	1	2
成果转化为技术标准的收益性	5	3	1/2	1

表 3 - 11　技术标准化社会环境指标的权重判断矩阵

Table 3 - 11　The standardization society environment index weight judge matrix

	市场需求	竞争状况	宏观科技、标准及产业环境
市场需求	1	4	7
竞争状况	1/4	1	3
宏观科技、标准及产业环境	1/7	1/3	1

第二，要素层指标权重分配。此处以技术标准化社会环境指标权重分配为例进行说明。根据表 3 - 11 技术标准化社会环境指标 3 个层面重要程度比较得到的数值，各个层面的权重计算见表 3 - 12。

表 3 - 12　各个层面指标权重计算表

Table 3 - 12　The measures weights assigned of perspectives

层面　　权重 层面	市场需求	竞争状况	宏观科技、标准及产业环境	权重 r_{1i}
市场需求	1	4	7	0.7014
竞争状况	1/4	1	3	0.2132
宏观科技、标准及产业环境	1/7	1/3	1	0.0853
$\sum_{j=1}^{n} a_{ij}$	1.3929	5.3333	11.0000	

在此，做一致性检验：

第一步，求：

$$r_{11}\begin{bmatrix} a_{11} \\ a_{21} \\ a_{31} \end{bmatrix} + r_{12}\begin{bmatrix} a_{12} \\ a_{22} \\ a_{32} \end{bmatrix} + r_{13}\begin{bmatrix} a_{13} \\ a_{23} \\ a_{33} \end{bmatrix} = 0.7014 \times \begin{bmatrix} 1 \\ 1/4 \\ 1/7 \end{bmatrix} + 0.2132 \times \begin{bmatrix} 4 \\ 1 \\ 1/3 \end{bmatrix}$$

$$+ 0.0853 \times \begin{bmatrix} 7 \\ 3 \\ 1 \end{bmatrix} = \begin{bmatrix} 2.1517 \\ 0.6446 \\ 0.2556 \end{bmatrix}$$

第二步：市场需求层面 $b_{11} = \dfrac{2.1517}{0.7014} = 3.0675$

竞争状况层面 $b_{12} = \dfrac{0.6446}{0.2132} = 3.0228$

宏观科技、标准及产业环境层面 $b_{13} = \dfrac{0.2556}{0.0853}$

$$= 3.0075$$

第三步：$\lambda_{max} = \dfrac{b_{11} + b_{12} + b_{13}}{n} = 3.0326$

第四步，计算一致性指标：$CI = \dfrac{\lambda_{max} - n}{n - 1} = 0.0163$

第五步，计算一致性比例：$CR = \dfrac{CI}{RI} = 0.0281$

根据表 3 - 13 判断矩阵的 R. I. 取值，计算的一致性比例 CR 的值为 $0.0281 < 0.10$，说明一致性是可接受的。因此，这个成对比较的一致性程度达到要求。

表 3 - 13　判断矩阵的 R. I. 取值

Table 3 - 13　The R. I. value of decision matrix

阶数	3	4	5	6	7	8	9
R. I. 取值	0.58	0.90	1.12	1.24	1.32	1.41	1.45

同理，可以求得技术标准化自然属性中指标的权重。权重结果见表 3 - 16。

（2）指标层各指标权重的确定

此处以指标层中的竞争状况指标为例进行说明。

第一，原始数据的获得。设计了表 3 - 14，请专家根据对偶比较法，确定了各个表格中两两指标之间的重要程度。

表 3 – 14　竞争状况指标之间重要性比较表

Table 3 – 14　The importance comparison among themes of competition perspective

指标＼指标	对应国际国外标准情况	相应标准的安装基础	主要竞争对手数量	竞争技术可替代程度
对应国际国外标准情况		1	1	1
相应标准的安装基础	3		2	2
主要竞争对手数量	3	2		2
竞争技术可替代程度	3	2	2	

　　第二，竞争状况指标权重分配。根据表 3 – 14，竞争状况中 4 个指标的权重计算见表 3 – 15。

表 3 – 15　竞争状况各个指标权重计算表

Table 3 – 15　The measures weights assigned of competition status index

指标＼指标	对应国际国外标准情况	相应标准的安装基础	主要竞争对手数量	竞争技术可替代程度
对应国际国外标准情况		1	1	1
相应标准的安装基础	3		2	2
主要竞争对手数量	3	2		2
竞争技术可替代程度	3	2	2	
总分 $\sum_{i=1}^{4} a_{ij}$	9	5	5	5
权重 r_{11i}	0.3750	0.2083	0.2083	0.2083

各个指标的总分为：

$$\sum_{i=1}^{4} a_{i1} = a_{21} + a_{31} + a_{41} = 3 + 3 + 3 = 9$$

$$\sum_{i=1}^{4} a_{i2} = a_{12} + a_{32} + a_{42} = 1 + 2 + 2 = 5$$

$$\sum_{i=1}^{4} a_{i3} = a_{13} + a_{23} + a_{43} = 1 + 2 + 2 = 5$$

$$\sum_{i=1}^{4} a_{i4} = a_{14} + a_{24} + a_{34} = 1 + 2 + 2 = 5$$

将 4 个指标的总分相加得到它们的总和：

$$\sum_{j=1}^{4} a_{ij} = 9 + 5 + 5 + 5 = 24$$

最后将每个指标的总分除以总和，即得到 4 个指标的权重：

$$r_{111} = \frac{\sum_{i=1}^{4} a_{i1}}{\sum_{j=1}^{4} a_{ij}} = \frac{9}{24} = 0.3750$$

$$r_{112} = \frac{\sum_{i=1}^{4} a_{i2}}{\sum_{j=1}^{4} a_{ij}} = \frac{5}{24} = 0.2083$$

$$r_{113} = \frac{\sum_{i=1}^{4} a_{i3}}{\sum_{j=1}^{4} a_{ij}} = \frac{5}{24} = 0.2083$$

$$r_{114} = \frac{\sum_{i=1}^{4} a_{i4}}{\sum_{j=1}^{4} a_{ij}} = \frac{5}{24} = 0.2083$$

同理，可以求得所有指标层中指标的权重。权重结果见表 3 – 16。

表 3 – 16　高新技术转化为技术标准潜力评价指标权重表

Table 3 – 16　The evaluation index weights of High – tech
transforming technical standards potential

分类层	准则层	要素层	指标层
竞争性指标	技术标准化自然属性指标 (0.5)	技术创新性 (0.063)	技术创新程度 (0.5)
			技术创新水平 (0.5)
		技术先进性 (0.11)	技术的知识产权情况 (0.333)
			解决该领域技术难题或热点问题程度 (0.583)
			技术知识含量 (0.083)
		成果转化为技术标准的可行性 (0.526)	利益相关方对技术的认可程度 (0.315)
			技术成熟度 (0.222)
			技术适应性 (0.13)
			技术使用范围 (0.204)
			技术实现成本 (0.056)
			与相关技术的协调性 (0.074)
		成果转化为技术标准的收益性 (0.301)	经济效益 (0.667)
			环境效益 (0.167)
			社会效益 (0.167)
	技术标准化社会环境指标 (0.5)	市场需求 (0.705)	市场需求总量 (0.417)
			市场需求变化趋势 (0.25)
			市场需求的迫切性 (0.333)
		竞争状况 (0.211)	对应国际国外标准情况 (0.375)
			相应标准的安装基础（市场占有率）(0.292)
			主要竞争对手数量 (0.208)
			竞争技术可替代程度 (0.125)
		宏观科技、标准及产业环境 (0.084)	与国家宏观科技发展战略的一致性 (0.117)
			政府在该技术领域的研究与开发投入 (0.067)
			政府资助的强度 (0.1)
			与国家和行业制定的产业政策的相容度 (0.133)
			与对应领域国际标准演进方向的一致性 (0.3)
			对应国际产业现状 (0.283)

4. 确定单因素评价矩阵 $\underset{\sim}{R}$

在进行高新技术成果转化技术标准潜力评价时，指标是不能直接量化的，称为定性指标，或软指标。为了评价的需要，需对其进行量化。本书采用模糊隶属度赋值法，通过发放调查问卷和对问卷进行统计处理得到软指标的评价值。由专家组对评价对象的每一个指标进行相对等级评价，则隶属度为：r_{ij} = 判断某指标属于相应等级专家个数/专家总数。此评价值是介于 0 和 1 之间的数值。

具体应用时，设计以下表格（表 3 – 17 和表 3 – 18），根据实际情况选择评价人员，由评价人员在表中打钩，然后由统计人员对软指标进行统计和计算，从而得出软指标的隶属度。

下面以具体科技成果"SR 业务路由仿真系统"的评价为例，进行说明。

表 3 – 17　技术标准化潜力评价软指标评分表（技术创新性）

Table 3 – 17　The soft index score sheet weights of standardization potential evaluation

序号	指标	等级			
		优	良	中	差
1	技术创新程度				
2	技术创新水平				
说明	①请在您认为最符合实际情况的方格内打钩"√"；②建议此表的评价人员由10人以上组成，其中包括技术领域、标准化领域、知识产权领域等各个方面的专家。				

该专家评价组有20人，其评价意见统计见表3-18。

表3-18 评价意见统计表

Table 3-18 The evaluation opinion statistics

分类层	准则层	要素层	指标层	等级				SWOT分析
				优	良	中	差	
竞争性指标	技术标准化自然属性指标（U_1）	技术创新性（U_{11}）	技术创新程度（U_{111}）	0.1	0.5	0.3	0.1	优势
			技术创新水平（U_{112}）	0.05	0.6	0.3	0.05	优势
		技术先进性（U_{12}）	技术的知识产权情况（U_{121}）	0.05	0.7	0.25	0	优势
			解决该领域技术难题或热点问题程度（U122）	0.5	0.4	0.1	0	优势
			技术知识含量（U_{123}）	0.25	0.5	0.2	0.05	优势
		成果转化为技术标准的可行性（U_{13}）	利益相关方对技术的认可程度（U_{131}）	0.1	0.2	0.6	0.1	劣势
			技术成熟度（U_{132}）	0.1	0.35	0.5	0.05	劣势
			技术适应性（U_{133}）	0.15	0.55	0.3	0	优势
			技术使用范围（U_{134}）	0.4	0.4	0.15	0.05	优势
			技术实现成本（U_{135}）	0	0.5	0.35	0.15	优势
			与相关技术的协调性（U_{136}）	0	0.4	0.5	0.1	劣势
		成果转化为技术标准的收益性（U_{14}）	经济效益（U_{141}）	0.4	0.4	0.15	0.05	优势
			环境效益（U_{142}）	0.1	0.4	0.45	0.05	劣势
			社会效益（U_{143}）	0.1	0.5	0.35	0.05	优势

分类层	准则层	要素层	指标层	等级				SWOT分析
				优	良	中	差	
竞争性指标	技术标准化社会环境指标（U²）	市场需求（U₂₁）	市场需求总量（U₂₁₁）	0.25	0.45	0.3	0	机会
			市场需求变化趋势（U₂₁₂）	0.05	0.4	0.45	0.1	威胁
			市场需求的迫切性（U₂₁₃）	0.1	0.5	0.3	0.1	机会
		竞争状况（U₂₂）	对应国际国外标准情况（U₂₂₁）	0	0.65	0.35	0	机会
			相应标准的安装基础（U₂₂₂）	0	0.4	0.5	0.1	威胁
			主要竞争对手数量（U₂₂₃）	0	0.1	0.5	0.4	威胁
			竞争技术可替代程度（U₂₂₄）	0	0.5	0.4	0.1	机会
		宏观科技、标准及产业环境（U₂₃）	与国家宏观科技发展战略的一致性（U₂₃₁）	0.3	0.7	0	0	机会
			政府在该技术领域的研究与开发投入（U232）	0.25	0.5	0.25	0	机会
			政府资助的强度（U₂₃₃）	0.15	0.45	0.35	0.05	机会
			与国家和行业制定的产业政策的相容度（U₂₃₄）	0.2	0.7	0.1	0	机会
			与对应领域国际标准演进方向的一致性（U₂₃₅）	0.05	0.7	0.25	0	机会
			对应国际产业现状（U₂₃₆）	0.1	0.4	0.5	0	威胁

5. 进行模糊综合评价

（1）一级模糊综合评价

对技术标准化自然属性指标 U_{1i} 作一级模糊综合评价（$i = 1$，2，3，4）：

当 $i = 2$ 时，对技术先进性进行一级模糊综合评价。

评价的权重分配为：

$$A_{12} = (0.333, 0.583, 0.084)$$

模糊评价矩阵：

$$R_{12} = \begin{pmatrix} 0.05 & 0.7 & 0.25 & 0 \\ 0.5 & 0.4 & 0.1 & 0 \\ 0.25 & 0.5 & 0.2 & 0.05 \end{pmatrix}$$

对先进性的评价为：

$$B_{12} = A_{12} \circ R_{12} = (0.333, 0.583, 0.084) \circ \begin{pmatrix} 0.05 & 0.7 & 0.25 & 0 \\ 0.5 & 0.4 & 0.1 & 0 \\ 0.25 & 0.5 & 0.2 & 0.05 \end{pmatrix}$$

$$= (0.329, 0.508, 0.158, 0.004)$$

上述运算中采用 $m(\circ, +)$ 算子。根据隶属度最大原则，B_{12} 中最大的数为 0.508，对应于"良"说明专家组对该科技成果转化技术标准在"先进性"上的评价为"良"。

当 $i = 1$ 时，对创新性进行一级模糊综合评价：

$$B_{11} = (0.075, 0.55, 0.3, 0.075)$$

当 $i = 3$ 时，对可行性进行一级模糊综合评价：

$$B_{13} = (0.155, 0.352, 0.427, 0.069)$$

当 $i = 4$ 时，对收益性进行一级模糊综合评价：

$$B_{14} = (0.3, 0.417, 0.234, 0.05)$$

同理，对技术标准化社会环境指标 U_{2i} 作一级模糊综合评价（$i = 1, 2, 3$），如下：

当 $i = 1$ 时，对市场需求状况进行一级模糊综合评价：

$$B_{21} = (0.15, 0.454, 0.338, 0.058)$$

当 $i=2$ 时，对竞争状况进行一级模糊综合评价：

$$B_{22} = (0, 0.444, 0.431, 0.125)$$

当 $i=3$ 时，对宏观科技、标准及产业环境进行一级模糊综合评价：

$$B_{23} = (0.137, 0.577, 0.282, 0.005)$$

上述评价结果组成第二层的隶属矩阵 R_1 和 R_2。

$$R_1 = \begin{bmatrix} 0.075 & 0.55 & 0.3 & 0.075 \\ 0.329 & 0.508 & 0.158 & 0.004 \\ 0.155 & 0.352 & 0.427 & 0.069 \\ 0.3 & 0.417 & 0.234 & 0.05 \end{bmatrix}$$

$$R_2 = \begin{bmatrix} 0.15 & 0.454 & 0.338 & 0.058 \\ 0 & 0.444 & 0.431 & 0.125 \\ 0.137 & 0.577 & 0.282 & 0.005 \end{bmatrix}$$

（2）二级模糊综合评价

根据上述评价结果再进行第二层的运算，得到 B_1 和 B_2，由其组成第一层的隶属矩阵 R。

$$R = \begin{bmatrix} B_1 \\ B_2 \end{bmatrix} = \begin{bmatrix} 0.213 & 0.402 & 0.331 & 0.057 \\ 0.117 & 0.462 & 0.353 & 0.068 \end{bmatrix}$$

至此，得到综合评价结果。

（3）三级模糊综合评价

若有多个备选项目进行选择，还需要对上述评价结果进行三级评价。

对该科技成果转化技术标准潜力综合评价为：

$$B = (0.165, 0.432, 0.342, 0.062)$$

（4）定量化评价结果

其综合得分为：

$$Z = B \circ Q = (0.165, 0.432, 0.342, 0.062) o (100, 80, 60, 40)^T$$
$$= 74.05$$

当数个科技成果转化技术标准的综合得分都计算出来以后，即可考虑选择得分靠前者进行重点支持培育，以更快更有效地转化成技术标准。

按照以上步骤就可以对其他科技成果转化为技术标准潜力进行综合评价。由于高新技术各个具体领域相差很大，而高新技术转化为技术标准的潜力评价需要凭借领域专家的经验和智慧才能对各个具体指标进行打分，各个领域的专家只是熟悉本领域的技术和社会环境情况，因此，具体评价过程中是分领域进行的。由于篇幅所限，此处仅给出信息技术领域科技成果转化为技术标准潜力的综合得分，结果见表 3 – 19。

6. 进行基于 SWOT 的高新技术转化为技术标准策略选择

由上述综合评价结果，可知 SR 业务路由仿真系统技术综合优势大于劣势，且其所处环境中的机会大于威胁。由图 3 – 5 和表 3 – 6 可以判断该技术成果处在技术标准化定位图中①的位置上，属于明星技术，因此应加大对该技术创新项目的投入，实施自主创新标准化策略。

其他项目的模糊综合评价结果见表 3 – 19。同样可以由图 3 – 5 和表 3 – 6 判断该技术成果处在技术标准化定位图中的位置，根据技术类别，选择相应的技术标准化策略，具体结果见表 3 – 19。

表 3 - 19 信息技术科技成果转化为技术标准潜力的综合得分表

Table3 - 19 The comprehensive score of IT scientific and technological achievements transforming technical standards potential

序号	成果名称	内部属性综合评价结果					外部环境综合评价结果					技术战略	综合得分	综合名次
		优	良	中	差	判别	优	良	中	差	判别			
1	SR 业务路由仿真系统	0.213	0.402	0.331	0.057	S > W	0.117	0.462	0.353	0.068	O > T	主导型	74.05	3
2	CDMA 公用数字移动电话网用户识别卡	0.09	0.346	0.456	0.108	S < W	0.052	0.496	0.367	0.085	O > T	参与型	69.33	13
3	光接收前置放大器	0.06	0.304	0.547	0.089	S < W	0.152	0.478	0.309	0.061	O > T	参与型	70.56	11
4	采用交流耦合积分回路式突发信号光接收机	0.18	0.463	0.327	0.03	S > W	0.095	0.311	0.511	0.083	O < T	参与型	72.11	7
5	CASM ImageInfo v2.0 遥感数据处理软件	0.031	0.304	0.507	0.158	S < W	0.092	0.256	0.509	0.143	O < T	采标	65.05	17
6	IP 网络性能测量	0.17	0.498	0.327	0.005	S > W	0.029	0.396	0.489	0.086	O < T	参与型	72.01	8
7	10G 城域网专用芯片 MX10GE - 6	0.092	0.356	0.527	0.025	S < W	0.145	0.506	0.267	0.082	O > T	参与型	72.29	6
8	STAR - 2000 型立体定向放射治疗计划系统	0.11	0.346	0.397	0.147	S < W	0.19	0.496	0.286	0.028	O > T	参与型	72.67	5
9	新一代蜂窝移动通信系统无线传输技术研究	0.19	0.446	0.327	0.037	S > W	0.192	0.487	0.321	0	O > T	主导型	76.6	1
10	基于 UWB 技术提高蜂窝网络定位精度的方法	0.157	0.502	0.327	0.014	S > W	0.09	0.369	0.489	0.052	O < T	参与型	72.99	4
11	天清防垃圾邮件系统	0.071	0.298	0.523	0.108	S < W	0.086	0.499	0.345	0.07	O > T	参与型	69.33	13
12	宽带信息网运营支撑环境及接入系统	0	0.284	0.556	0.16	S < W	0.03	0.396	0.506	0.068	O < T	采标	65.12	16
13	宽带家庭多媒体智能网关	0.22	0.485	0.295	0	S > W	0.112	0.356	0.509	0.023	O > T	主导型	74.82	2
14	宽带多频多模射频技术	0.091	0.324	0.467	0.118	S < W	0.152	0.486	0.309	0.053	O > T	参与型	71.25	9
15	流媒体服务器的研制	0.025	0.258	0.578	0.139	S < W	0.114	0.498	0.352	0.036	O > T	参与型	68.59	14
16	宽带网业务支撑系统	0.043	0.284	0.607	0.066	S < W	0.12	0.457	0.409	0.014	O > T	参与型	69.87	12
17	支持多媒体业务的软交换系统实现方案研究	0.081	0.294	0.598	0.027	S < W	0.112	0.506	0.325	0.057	O > T	参与型	71.02	10

续表

序号	成果名称	内部属性综合评价结果					外部环境综合评价结果					技术战略	综合得分	综合名次
		优	良	中	差	判别	优	良	中	差	判别			
18	绿洲农业水土资源空间信息服务系统	0	0.205	0.663	0.132	S＜W	0.02	0.306	0.625	0.049	O＜T	采标	63.7	18
19	电子基因芯片智能检测系统开发	0.031	0.294	0.607	0.068	S＜W	0.052	0.406	0.479	0.063	O＜T	采标	67.35	15
20	Biosense——生物信息技术分析平台	0	0.124	0.407	0.469	S＜W	0.023	0.308	0.525	0.144	O＜T	采标	58.65	21
21	企业三维 CAD 和 ERP 整体解决方案	0	0.094	0.601	0.305	S＜W	0	0.335	0.534	0.131	O＜T	采标	59.93	20
22	网络教育应用全面解决技术方案的开发与应用	0	0.068	0.578	0.354	S＜W	0.01	0.412	0.523	0.055	O＜T	采标	60.91	19

3.4　本章小结

本章首先根据高新技术转化为技术标准潜力评价的特殊性，分类构建评价指标体系；在资格审查的基础上，按照 SWOT 分析的思想，兼顾技术标准化内部自然属性和外部社会属性，从"面向过程"的观点出发，构建高新技术转化为技术标准潜力评价的竞争性指标，建立了高新技术转化为技术标准潜力评价的模糊综合评价模型；进行了基于 SWOT 的高新技术转化为技术标准策略分析；根据各个被评价项目的综合评价结果，可以分别选择主导型标准化策略、参与型标准化策略和有重点地跟踪采用国际标准策略。实证结果表明，基于 SWOT 的高新技术转化为技术标准潜力评价模型方法及策略分析，能够科学合理地对高新技术转化为技术标准的潜力大小作出定量评价，为实行不同的转化策略提供定量依据，从而可以更好地确定重点支持的高新技术转化为技术标准项目，具有科学合理性和可操作性。

第4章 高新技术转化为技术
标准的动力机制

高新技术转化为技术标准的动力，是指创新主体受到自身的和外在的激励与压力，产生技术标准化欲望和要求，进行标准化活动的一系列约束条件。高新技术转化为技术标准的动力也存在施力方和受力方。在此，施力方是指创新主体内外促使其进行技术标准转化活动的各种动力因素，而受力方则是指技术标准转化活动的主体。无论各种动力作用来自于创新主体的内部还是外部，也无论创新主体处于主动地位还是被动地位，只要它们能使创新主体产生高新技术标准化的欲望和要求，促进创新主体进行技术标准转化活动，就可以被看做高新技术转化为技术标准的动力。

在社会经济系统中，"机制"一词常被看做是系统中各因素之间相互联系、相互作用方式、结构功能及其所遵循运行规则的总和。所谓高新技术转化为技术标准的动力机制是指高新技术标准化在运作过程中，促使高新技术转化为技术标准诸要素相互联系与相互作用的方式以及这些要素与外部环境之间所形成的互动关系的总和。

要研究高新技术转化为技术标准的动力机制，首先需要清楚界定高新技术转化为技术标准的主体；其次需要明确高新技术转化为技术标准的动力要素；在此基础上，才能更好地研究高新技术转化为技术标准的动力机制。因此，本章内容主要是从这三个方面研究高新技术转化为技术标准的动力机制。

4.1　高新技术转化为技术标准的主体

高新技术转化为技术标准的主体就是指从事高新技术转化为技术标准的社会实体，亦即技术标准转化活动的承担者。要深入理解高新技术转化为技术标准动力的概念，必须先明确谁是"高新技术转化为技术标准的主体"。本书认为，高新技术转化为技术标准主体包括企业及以企业为主结成的联盟网络，前者称为企业主体，后者称为合作网络主体。

4.1.1　高新技术转化为技术标准的企业主体

市场经济条件下，高新技术转化为技术标准从技术发明到开发，再到产品化，并实现商业化、产业化这一过程中，参与者众多，包括了政府有关机构、高等院校、独立的非赢利性研究机构、企业等，那么谁是高新技术转化为技术标准的主体呢？从国内外的技术创新历程和我国市场经济发展的情况来看，只有企业才能成为高新技术转化为技术标准的主体。这主要是由于以下几个方面的原因决定的。

第一，是技术标准化的内在要求和企业在市场经济中的地位决定的。企业是国民经济的基础单位，是市场经济的主体。企业是标准的最大用户，任何标准都直接或间接地与企业相关，标准化的经济效果也要在企业的生产经营活动中体现。

第二，是市场和消费的时代特征决定的。现今的市场和消费者的需求已经和计划经济时代完全不一样了。首先市场是多变的，其次消费者的需求越来越个性化。因此标准和标准化也必须要有适应市场变化的应变能力。由于企业直接面对市场，直接面对消费者。因此企业才最有能力使标准具有良好的适应性。

第三，企业是研发的主体、创新的主体，而研发和创新是标准的基础，因为标准必须以研发和创新作支撑。

第四，企业成为高新技术标准化主体是发挥第三部门作用（特别是行业协会）和实现政府职能转变的关键。只有企业有积极性参与标准化活动，并成为标准制修订的主体，第三部门才能成为真正意义上、有代表性（代表消费者或企业）的组织。只有充分发挥第三部门的作用，政府职能转变的任务才能完成。

总之，企业是高新技术转化为技术标准的主体，标准从研究开发直至实现商品化、产业化的全过程必须依靠企业。离开企业这个主体，高新技术转化为技术标准就成为无源之水、无本之木，标准的应用就缺少有效的载体。因此，企业主体作用的确立是市场经济条件下高新技术转化为技术标准的基础。

4.1.2　高新技术转化为技术标准的合作网络主体

要实施主导型标准化策略，需要大批具有创新能力的高新技术企业参与标准核心专利的研发和核心产品的研发；还需要相关高科技企业参与产品的设计和加工制造。也就是说，企业通过合理战略来将自身技术上升为行业标准，不仅需要自身拥有有价值的资源，同时，还需要其他配套的资源，即互补性资源，包括辅助技术、互补性产品、制造和营销能力、社会声誉和金融支持等。互补性资源是企业在实施技术标准战略中必不可少的一项配套资源，如果一个企业缺乏这些必要的配套资源，那么企业将毫无选择，只能考虑加入那些拥有这些资源的企业的特许协议和与之建立合作关系[104]。同时，由于高新技术的复杂性和风险性，一个企业很难拥有发展技术标准所需的全部资源。所以通过建立合作关系共同发展技术标准成为必然选择，相应的高新技术转化为技术标准的主体由企业发展为联盟网络。建立高新技术标准联盟能够引发网络效应，集中有效资源，获得关键互补资源，降低转化风险。

1. 高新技术转化为技术标准合作网络主体

任何产业里都包含着复杂的分工、扩展网络。同样，高新技术标准合作网络作为众多市场参与者合作与交流的"技术语言"平台，其所面临的利益相关者（Stake Holders）无疑是多元、复杂的。在标准创建和制定过程中，其主要利益相关者有企业、用户（包括潜在消费者）、互补品生产商或服务提供商、供应商、潜在进入者、现有相似产品或服务的提供商即竞争对手、科研机构、教育与培训机构、政府部门、中介机构等。

对于高新技术标准合作网络中主体的识别，芮明杰、巫景飞（2003）[105]、Giuseppina Passiante（2002）[106]、韦海英（2005）[80]等都进行了相关的研究。借鉴这些相关研究成果，结合高新技术转化为技术标准的特点，本书认为高新技术标准合作网络的主体主要包括：一是作为技术标准提供者的主体制造商，包括产业中的主导企业和竞争者（含潜在进入者）与战略伙伴；二是供应商与互补品生产商。虽然消费者（顾客）、科研机构、教育与培训机构、政府部门、中介机构等也参与高新技术转化为技术标准的过程，但从标准的制定过程来看，他们很少直接参与标准的制定，因此，本书的高新技术标准合作网络的主体不包括消费者、科研机构、教育与培训机构、政府部门、中介机构等，而是把他们作为高新技术转化为技术标准动力要素的组成部分。

高新技术标准合作网络中各主体的地位及其在技术标准的创建、制定和推广过程中的作用是各不相同的。主体制造商一般由主导企业与多个竞争对手及战略合作伙伴共同组成，负责技术标准推出和技术标准产业化所需要的关键技术和产品生产，是技术标准平台的提供者（Technical Standard Platform），或称是技术标准的主要推出者，并在市场中提供技术标准相应的核心产品。供应商主要包括原始设备和主要零部件的供应商，他们主要通过为主体制造商提供设备和零部件，以及接受标准主导者的技术标准、产品质量和生产计划等的指导和控制，来参与合作网络。互补品生产商为整个技术标准体系提供辅助技术和互补产品，是技术标准的合作者，也是技术标准的需求者。

主体制造商［包括主导企业和竞争者（含潜在进入者）与战略伙伴］与供应商和互补品生产商构成完整的上游产业链，共同为消费者创造价值，从而锁定顾客，形成顾客资产。

当然，如果从广义的产业链来理解，标准形成、确立和扩散的过程中还会涉及原始设备制造商、产品制造与装配商、分销商、渠道与顾客等合作主体。主导企业通过战略、计划、标准、产品知识、系统设计、顾客服务支持以及订单等指导、控制与支持上述参与主体，并从他们那里获取市场、客户和产品信息与相关支持；上述参与主体相互之间进一步通过计划、订单、产品知识和技术支持等实现零部件和产品的生产联系以及与顾客的互动。对于高新技术转化为技术标准的过程，有些合作网络可能不包括这些主体，即使包括，这些主体的作用相对要小的多，因此，本书界定的高新技术转化为技术标准合作网络主体不讨论这些主体。

2. 高新技术转化为技术标准合作网络主体的相互作用

高新技术标准合作网络主体间的主要关系有：互赖关系、合作关系、竞争关系。显然，高新技术转化为技术标准合作网络中成员之间的关系首先是相互依存的互赖关系，各主体是技术标准合作中的一个系统成员，作为合作网络的一个节点，通过经济互补性相联系；其次，高新技术标准合作网络中各主体间不可避免地存在竞争关系。但是各节点互动的目标是取得协同效应。

（1）互赖关系

互赖关系分为竞争性互赖和共生性互赖。竞争性互赖产生于功能相近的企业之间，可以弱化竞争以推动跨组织学习；共生互赖产生于异质性企业之间，可以推动互补性资源的利用[107]。在高新技术企业技术标准合作网络中，竞争互赖关系主要体现在主导企业和竞争对手间形成的互赖关系。主导企业与竞争者、潜在进入者、替代者以及战略合作伙伴，存在共同满足用户的需求和共同争取社会资源的一致要求，彼此间以对方的存在为条件。因为横向上的参与者越多，则该技术标准合作网络向社会获取资源的能力越强。共生性互赖主要是纵向供应商、主体制造商及互补品生产商之间为创造和分配纵向价值链利益而形成的互赖关系。供应商、主体制造商、互补品生产商从满足价值链终端的消费者的需求和偏好出发，使市场向深度和广度拓展，延伸了纵向价值链，三者间在标准网络化合作过程中为创造和分配价值形成共生性互赖关系。互赖关系促进了主体间的互动，是推动标准合作网络发展的内部动力。

（2）合作关系

合作关系是高新技术标准合作网络中各主体间最重要和普遍的关系，目的是为实现双赢（Win – Win）或多赢（Muti – Win）。在合作网络中，每个主体都是合作关系网络中的关键一环，如果其中某个主体出现问题，则合作可能中断，从而影响技术标准的创新和推出。因此，各主体间的良好合作关系是保证高新技术顺利转化为技术标准的必要条件。

在高新技术标准合作网络内，各主体间进行多个层面的合作。首先，在高新技术标准合作网络内，各主体之间的决策是相互影响的，某一主体进行决策时必须考虑对其他主体的影响，而其他主体的反应反过来又影响其决策。其次，在高新技术标准合作网络内，各主体间的行为是自觉配合的，即使没有契约的约束，各主体间在合作和竞争中都将更多的关注合作网络的发展和整体利益，这是由高新技术标准竞争的系统性决定的。最后，在高新技术标准合作网络内，各主体的合作关系还体现在协同效应的结果上。

（3）竞争关系

竞争是社会生活中十分普遍的现象。高新技术标准合作网络中不可避免地存在竞争。从某种程度上说，高新技术标准合作网络是协调的产物，各参与者加入合作网络的目的是进行优势互补以提高整体竞争力或防止过度竞争，是建立在合作基础上的竞争。

高新技术标准合作网络内的竞争关系表现为各主体对网络内部核心地位和合作成果利益分享的争夺。尽管各主体在技术标准合作网络中是平行关系，但在合作过程中，每个网络内存在多个竞争企业，为市场地位展开争夺。因为，合作网络内的市场地位意味着合作中对于技术标准的控制权，居于关键地位的企业能够在合作网络中更多的融合和考虑企业自身的利益。技术标准在市场推广和扩散阶段产生巨大的网络效应，但当技术标准化成功后，各主体所获得的市场利益是不均衡的，各主体利益的大小将由网络中各主体的市场地位、竞争能力和网络安装基础来决定，因此，各主体为争夺标准的经济利益展开激烈争夺。

高新技术标准合作网络内部各主体之间的竞争关系是时刻存在的，但是这种竞争关系一般为非对抗性的。主导企业在网络中需要积极协调合作伙伴的关系，努力取得协同效应。通过正协同加强结点间的联系，增强彼此互赖的程度，提升互动频率，使协作关系更持久，从而培育共同的战略思维、合作信念，增进相互之间的适应性，以确保技术标准合作的成功。

4.2 高新技术转化为技术标准的动力要素

随着技术的进步和全球经济一体化，世界已经从简单标准时代走向复杂标准时代。在复杂标准时代，多个因素在技术标准转化过程中发挥作用。高新技术转化为技术标准的动力要素由内部动力要素和外部动力要素构成。所谓内部动力要素，是指存在于主体内部对高新技术转化为技术标准活动产生内驱力的动力因素，主要指利益驱动力，包括企业利益驱动力、产业利益驱动力和国家利益驱动力。所谓外部动力要素，是指那些存在于主体外部并对高新技术转化为技术标准活动产生较大影响或形成"动力场"的诸多因素。包括市场需求、市场竞争、技术发展、政府政策行为支持（简称政府支持）、平台支持（标准组织、大学和科研机构、行业协会和其他组织）、消费者的价值保障等。

4.2.1 高新技术转化为技术标准的内部动力要素

纵观世界各国，除了特殊行业（如军事和公益事业行业）的部分企业外，只要是存在市场经济的国家，企业无不是以追求利润最大化，进而占据竞争优势为目标。任何企业或团体采取某一种社会行为，都必然受到某种利益期望的驱使。

当今国家之间、产业之间的经济竞争更多地表现在标准的竞争上，特别是在高新技术领域，技术标准竞争得力，会给国家、产业带来很大的经济效益，竞争失利则会蒙受重大损失。技术标准之争就是要争夺专利技术适用的市场。其方式主要有两种，一是把企业的技术标准转化为法律标准，通过法律的强制实施达到技术推广；二是通过企业的市场运作，使自己的技术、产品，占据大部分市场，从而使自己的技术标准成为事实上的标准。而无论走哪种路线，都是为了争取使己方的技术标准成为实际通行的标准，从而使己方获得规则制定者的地位，最终垄断市场获取超额利润。因而，无论对于哪类企业来说，对利益（利润和竞争优势）的追求，都是促使其进行技术标准化活动的内在驱动力。

随着新技术发展，国际贸易竞争的加剧，技术标准与专利技术的捆绑是今天世界技术标准发展的重要趋势。技术标准的背后是专利，而专利的背后就是巨大的经济利益。目前，许多发达国家、跨国公司和产业联盟都力求将自己的专利技术变为标准，以获取最大的经济利益。如果说，一个单项的专利技术只影响一个企业的利益，那么，当这项专利上升为国际标准的时候，它就能影响一个行业，它所带来的利益就直接体现为国家的利益。因此，高新技术转化为技术标准的利益驱动力要素包含三个层面：企业利益驱动力、产业利益驱动力和国家利益驱动力，而这三个层面的驱动力又是有机统一的。

技术标准的市场利益是企业建立标准的根本驱动力。在网络效应足够大的前提下，企业努力促进技术标准的创建，而只有在预期技术标准创建后企业独占技术标准收益的能力足够大的时候，企业才会投入资源来推动技术标准化，因为收割技术标准利益才是所有战略与活动的目的。企业主导参与高新技术转化为技术标准的动因具体体现在以下几个方面。

1. 收回产品/技术的开发成本

在高新技术领域，产品/技术的复杂性导致了高开发成本。开发一种新产品/技术往往需要巨额的投资，例如，Microsoft 公司为了开发 Windows 操作系统，投入了 5000 万美元之巨。这些投资是沉没成本，若企业在行业标准之争中胜出，则可以通过收取授权费用以及自己生产产品而收回投资。例如，美国 Qualcomm 公司由于拥有 CDMA 技术的关键专利，每年的专利收益就达数十亿美元之巨。如果企业在行业标准之争中失败，则不得不放弃自己开发的产品/技术，这些投资将变成真正的"沉没"成本。例如，Motorola 公司发起的"铱"星计划，本想建立一个与地面蜂窝移动通信相抗衡的卫星移动通信系统，但是该计划最终失败了，整个计划损失高达 60 亿美元之巨。

2. 追求竞争优势和垄断利润

标准竞争的本质仍旧是利益竞争，企业之间展开标准竞争的目的都是为了掌握市场主动权和控制权，获取最大的经济利益。标准制定者和标准追随者之间巨大的经济利益差别是进行标准竞争的内在动力。

现代科技产业链可分为四段：标准制定、设计、制造及销售四部分，即为广义的微笑曲线，如图 4-1 所示。广义的微笑曲线与传统定义上的差别在于将标准制定视为产业链的一个部分，其所产生的利润为一个倾斜的微笑。换言之，产业利润将集中于标准制定部分，设计与销售的利润居次，制造居末位[108]。

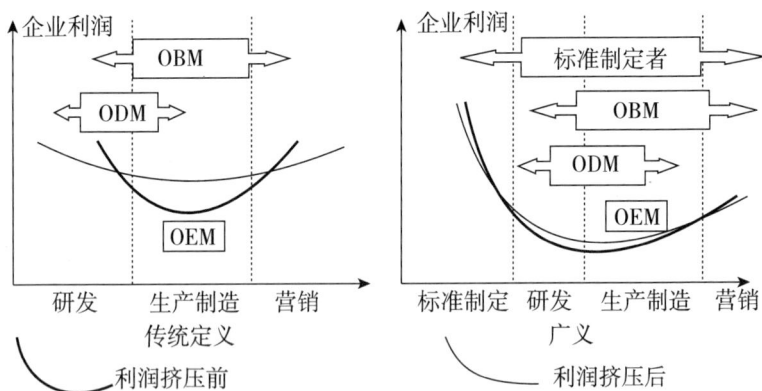

图 4-1　微笑曲线示意图
Fig4-1　Smiling curve diagram

由此可见，制定标准的企业的利润是可以得到长期保障的。一旦推出的标准为国际标准组织认可的法定标准，或者成为产业的事实标准，制定者只需全力推广标准的应用，实行全球许可战略及研发下一代产品的技术即可。因为，如果一个企业的产品技术标准被上升为国家或国际技术标准，或者能转化为市场上起支配作用的事实标准，那么就可以使得融合在技术标准里的技术获得最广泛的应用，一方面，可以使企业获得巨额的专利许可使用与转让费用；另一方面，使企业能获得支配市场的力量。支配市场意味着垄断，而垄断就能获得超额利润。在高新技术领域，产品/技术的复杂性增大，由于市场存在着很强的学习效应，产品被市场采纳越广泛，则得到的关于产品的经验越多，产品的性能越完善。也就是说，复杂产品/技术呈现出采纳性收益递增[109]。如果行业标准是开放的，则标准争夺中的赢家可以在学习曲线上先行一步，获得市场竞争优势，而输家不仅要向赢家缴纳授权费用，而且在竞争中处于劣势地位。在标准受控的情况下，标准争夺中的赢家甚至可以垄断市场，获取超额垄断利润，而输家则有可能不得不放弃该业务，从而被市场"锁出"[110]。

尽管一个共同的标准会给整个产业带来利润，但拥有标准制定权的企业将获得最大的超额利润，这是其他企业所没法获取的。相对于标准制定和持有企业，其他企业只能通过产品服务或产品差别努力来创造附加价值或新价值。正因为标准的竞争优势能带来更大的利益，企业才有使自己的技术变为标准的强大动力。

3. 影响产品/技术的发展方向，获取未来市场的竞争优势

在高新技术领域，网络效应的存在会对企业技术能力构建产

生影响。Tushman 和 Anderson（1986）以及 Henderson 和 Clark
（1990）等人提出的技术间断均衡理论认为，新技术产生于技术
非连续状态，经过技术之间的激烈竞争后产生主导设计范式，并
随后进入渐进变革阶段，直至一个新的技术非连续状态出现为止
（郭斌，2000）[111]。这里的主导设计范式实质上就是产业技术标
准，通过这种选择机制，企业技术能力将沿着产业技术标准规定
的轨道发展。也就是说，与产业技术标准相容的企业技术能力才
具有可持续性，而与产业技术标准不相容的企业技术能力将不可
避免地面临能力破坏的影响。由现有产品/技术向新产品/技术转
移的过程中，由于网络外部性存在，消费者要承担比在传统经济
领域更大的转移成本。如果转移成本超过了新产品/技术的性能
优势，消费者将不愿意采纳新产品/技术。而且，在高新技术领
域，通过联盟形成新的进入壁垒能够影响市场结构的变化。许多
高新技术产业的战略联盟都成立于新技术最原始的研究开发阶
段，当该项技术趋于成熟的时候，联盟企业的技术标准就成为行
业的共同技术标准。相应的，技术标准成为后发企业的进入壁
垒，他们要么支付更高的成本开发新技术；要么被动接受这项技
术标准，始终处于行业的追赶位置。因此，对现有产品/技术安
装基础的控制可以影响产品/技术的未来发展方向。在标准争夺
中的赢家由于拥有庞大的产品/技术安装基础，因此它不仅能获
取现有市场的竞争优势，而且通过影响产品/技术的发展方向，
能够获取未来市场的竞争优势[112]。

由于高新技术转化为技术标准的复杂性和风险性，转化的主
体已由企业发展为联盟网络。联盟网络通过制定、推广标准，形
成完整的产业链，给消费者带来价值最大化，带动产业发展，从

而实现产业竞争力提升、产业利益最大化。由于高新技术领域的产品一般为系统产品[113]，其形成的不仅仅是一个产业，而是一个由相关产业组成的产业群体，这样的产业群体将极大推动本国/本地区经济的发展。同时，由于行业标准是全球性的，这个产业群体面对的是全球市场，通过向全球市场提供产品/技术，将极大地增加本国/本地区的财富。而且，在高新技术领域，一些产品/技术在社会与经济的运行中起着重要的作用，一旦这些产品/技术运转失灵或者出现安全漏洞，其后果不堪设想，因此，这些产品/技术必须足够可靠，不能存在安全隐患。产品/技术的安全隐患有两个方面：一方面，可以在产品/技术中人为地设置"定时炸弹"，需要时可以引爆，使产品/技术失灵；另一方面，可以在产品/技术中设置秘密通道，通过秘密通道源源不断地获取对手的各种情报。如果行业标准完全为外国企业所控制，这种可靠性有时就无法得到保证；反之，则可以大大降低安全隐患，提高本国/本地区的安全[112]。因此，一方面，是参与或主导制定高新技术标准产生的巨大经济利益激励着各国参与国际标准竞争；另一方面，是高新技术存在的安全隐患也迫使各国参与国际标准竞争，这些都是各国积极争取把本国高新技术转化为技术标准的动力所在。

4.2.2　高新技术转化为技术标准的外部动力要素

1. 市场需求拉动力

市场需求是技术标准化活动的基本起点，也是技术标准化活动的重要动力源泉和成功保证。因为技术标准化总是首先以市场需求为前提。市场经济主要是发挥市场在资源配置中的基础性作用，它会自发地产生需求，促进需求，表现需求。而市场上一旦有了需求，就意味着标准化的收益有了某种程度的保障。因此，以市场需求为导向进行技术标准化，无疑会减少标准化的盲目性，增加标准化成功的可能性，从而使技术标准化进入良性循环。在企业技术标准化外部动力中，市场需求是最根本的拉动力。

2. 市场竞争压力

国内外的绝大多数企业都是在市场竞争的压力下生存和发展的。面对市场竞争，企业为提高市场地位而进行技术标准的竞争。无论企业面对市场竞争作出何种程度的反应，市场竞争都是企业技术标准化的动力之一。准确地说，市场竞争是迫使企业进行技术标准化的压力。

在高新技术产业，标准已经成为市场竞争的制高点，谁掌握了标准的制定权，谁的技术成为标准，谁就掌握了市场的主动权。纵观世界发达国家走过的道路，可以看到，高新技术是综合国力中的核心竞争力，标准化则是高新技术产业化的技术支撑和基础性建设[108]。

在全球化的背景下，民用高科技的产业链分布大致可以分三个层次：标准、核心技术和设计、制造和加工、全球采购和分销。过去中国企业是通过掌握本土分销优势，逐步掌握制造加工和组装优势。但是中国企业还没有掌握标准、技术和设计等。

由于高附加值的高端环节掌握在跨国公司手里，中国虽然占据了制造加工和组装优势，但充其量也只是掌控在跨国公司手中的一个巨大的"生产车间"，而远不是人们曾一度津津乐道的

"世界工厂"。毫无疑问，如果中国企业不迅速抢占"标准、核心技术和设计"的产业链高端地位，进而形成完整的高科技产业链条，那么在不久的将来，中国将可能彻底沦为跨国公司的附庸，成为跨国公司的产品和要素市场。因此，我国高科技产业发展的必然方向是提升其在全球高科技产业链中的地位，即不断强化已控制的高科技产业链加工制造和组装环节的优势地位并沿着产业链升级，争取掌握标准、核心技术和设计这一高端环节，形成完整的高科技产业链条，实现跨越式发展。

图4-2　全球产业链条
Fig4-2　The global industrial chain

作为一个发展中国家，中国的技术创新能力还很薄弱，总体上属于技术引进和专利使用国家。特别在技术标准起重要作用的高新技术领域，很多产品的行业标准与国家标准还是空白，国内企业也没有能力提供，这就使大量国外产品通过市场顺利地成为相应产业的事实标准。还有一些跨国企业则有意识地在中国大量申报相关技术标准专利，以期获得该产业的主导权（朱彤，

2004)[114]。在我国高新技术产业发展最有前景的十大领域中，国外企业在中国的专利申请占到了 70% ~ 90%。在国际标准现有 ISO13000 多个标准，IEC4800 多个相关的标准里面，中国主导或者起草的标准只有 13 项。国外企业把他们自己拥有的技术变成整个面向未来竞争过程中的主流技术标准。利用这样的游戏规则，取得竞争优势，这就要求我国企业积极融入标准的制定工作中，把研制标准当作一个长期而艰巨的任务。

激烈的市场竞争是迫使企业进行技术标准化的压力，竞争犹如一根在市场上挥舞的无形长鞭，不停地驱使企业进行技术创新，制定新的技术标准。企业只有把自己的标准成功确立扩散，才能使自己在激烈的竞争中立足。

3. 科学技术推动力

技术标准化是以新技术投入为特点的技术经济活动。新技术既是技术标准化的前提，又是推动技术标准化的重要力量。标准化的过程是技术创新的延续，只有出现了新的技术，才可能出现新的标准。另一方面，技术发展的复杂化和融合化也要求进行标准化。因此，标准竞争的出现肯定伴随着技术的突破和创新，尤其是在充满信息技术的知识经济时代，高新技术的飞速发展引发了不同企业之间展开激烈的标准竞争，成为推动企业技术标准化的强大动力。

形成技术标准的根基是拥有先进的科学技术，开展符合市场需求的技术创新。一方面，技术创新的市场化使得技术标准的推出更多出于商业动机，技术标准化垄断的趋势日益明显。得到市场广泛认可、用户认同的技术标准，即使不是最优标准，但仍可以成为"事实上的技术标准"而垄断技术领域，实现规模报酬递增。另一方面，技术标准与知识产权的结合更加紧密。离开了自主知识产权，离开了创新能力，离开具有广大市场的专利技术，标准的制定将失去其应有的价值。新的科学技术成果对技术标准化之所以具有较强的促进和刺激作用，其原因就在于，新科技成果在并入生产过程转化为产品后往往可以得到较高的垄断利润，有利于企业获得商业上的成功，得到经济上的实惠和心理上的满足。这就会不断地激励企业积极吸纳科技成果，进行技术标准化。

4. 平台支持力

一项技术标准从技术创新到核心技术形成，以及相关辅助技术的产生，最后到技术标准的市场推广和扩散阶段，需要完备的研发、支持、服务体系。由于在高新技术标准的形成过程中，除了其核心主体和主要参与研发的企业外，还没有被更多的企业和市场的用户所熟悉，因此，在高新技术转化为技术标准过程中，需要政府、标准组织、行业协会、中介机构等共同为高新技术企业的技术标准产业化提供硬件、软件平台支持，在一定程度上发挥培训、协调、咨询等作用，为高新技术转化为技术标准提供标准化平台支持力[80]。

（1）政府提供政策支持。在技术创新和技术标准的竞争中，政府的有效参与和建设性的引导，可以促进产业的加速发展。国家科技政策和标准政策的有机协调，可以对技术创新和技术标准的扩散进行刺激，从而产生更大的经济效益。政府作为新技术的大客户在支持某种技术和标准的时候，可以通过政府采购或示范项目起到提供产业容量、刺激正反馈的作用。发展中国家的经济、技术实力与发达国家存在很大差距，在国际标准竞争基础明显不同的情况下，更需要国家的推动和支持。

对于中国这样一个具有巨大市场优势，同时又处于技术赶超阶段的国家而言，政府在技术标准化过程中的作用，除了通过产业技术政策支持与技术标准开发相关的 R&D 计划，以及制定竞争政策规制跨国公司滥用知识产权的行为之外，还应该有更多的发挥空间。比如，政府可以有选择地对一些以国内企业为主的产业联盟给予资金和税收等方面的支持；在市场需求摇摆不定的情况下，适时地充分发挥政府购买力的影响；代表企业同其他组织或企业进行谈判和协调；建立激励企业参与标准创新和标准竞争的机制等。这些政府政策的支持都会较大程度地提升中国技术标准的市场竞争力。

（2）标准组织提供信息披露及相关专业指导。以 ISO，IEC、ITU 为典型代表的国际标准化组织的标准化工作相互补充，形成了一个能提供自愿性国际技术协议的完整体系，并且以国际标准或国际"建议"形式出版的这些协议正在帮助实现世界范围内的技术兼容。同样，在技术标准合作网络内，标准化组织能够对技术标准合作提供专业的知识产权政策，包括信息披露、标准化制定流程等方面的指导。

（3）研究机构提供技术和人才支持。研究机构包括了科研院所及大学，作为研究型参与者，在技术标准合作网络中，不仅提供了大量创新的成果，还为技术标准合作网络的研究与发展提供技术和人力资源。研究机构的主要贡献在于解决技术标准创新和制定过程中的具体技术问题。

（4）其他组织提供完备服务。高新技术转化为技术标准的平台支持力还包括行业协会、中介机构和服务提供商等其他组织提供的各种服务。

行业协会是与企业联系最密切的行业组织，由行业协会的专家提出对制定标准的意见，切合企业实际，符合企业要求，也有利于技术标准合作网络的发展。其他中介机构包括技术标准的咨询、培训等服务机构。中介机构的作用是积极协调企业之间、企业和政府间的关系，是建立信用机制、优化企业管理的重要力量，为技术标准合作提供专业性服务。

服务提供商包括网络服务提供商和专业服务提供商。网络服务提供商为技术标准合作网络提供硬件平台支持。技术标准合作网络中的网络服务提供商可以是因特网服务提供商（ISP），也包括在线服务提供商（OSP）。网络服务提供商为整个技术标准合作提供硬件支持，为其他系统成员提供交流所需的通讯技术与信息技术、交流网络平台、数据存储、数据转换、信息共享合作网络硬件资源，使地理上分散的企业、组织或机构能够实现跨时空协作[115]。专业服务提供商如商业服务商，他们提供贸易和金融管理、保险、信息和知识管理以及后勤和送货服务等。

5. 消费者价值保障力

高新技术转化为技术标准不仅仅是把标准制定出来，更重要的是获得市场的高度认同，得到广泛应用。这就需要建立起长远的价值链，为顾客提供更高的价值。给消费者创造价值的能力作为技术标准化活动的保障力，是标准化动力机制顺利运行的重要一环。给消费者带来价值的大小，直接关系到标准的确立和扩散。如果标准化的动力主体不能通过制定标准带动产业发展，满足消费者需求，给消费者带来价值最大化，那么即使受到的利益驱动力再大，企业也只能是望"利"兴叹。

需要说明的是，技术标准合作网络中，既包括中间用户，也包括终端用户，但是终端用户（即消费者）发挥着决定性的作用。因此，本书基本上是从最终决定力量，即消费者的角度进行分析和研究的。

消费者是高新技术转化为技术标准系统是否有效运行的最终决定者。进入网络时代后，企业和消费者之间可以通过网络实现直接的社会互动。技术标准合作网络中的用户，可通过对产品及技术规定提出具体要求，直接地参与到技术标准制定过程；或通过消费者的市场选择，间接地影响技术标准的制定和确立。因为，如果按某一标准生产的产品或服务，消费者不认可，即使标准制定得再科学合理，标准的技术水平再先进，最终将逃脱不了被市场抛弃的命运。消费者是市场机制的投票者，他们将通过市场机制促使标准满足市场的需要。由于直接和间接的网络效用，消费者的市场选择，最终导致市场发生倾斜，当某一技术达到网络规模的临界容量时，正反馈机制可促使其形成事实标准，从而使其他技术面临着被锁定到市场之外的风险。因此，在技术标准化过程中，应以消费者的需求和期望为依据。

消费者的价值保障力使得高新技术转化为技术标准的主体有必要和有义务向用户提供有关技术标准的技术信息和相关培训，使用户了解技术标准的具体技术规定，以便选择合理的技术和选择最终的市场产品。主体制造商也要掌握用户的信息并具体运用到技术标准的确立和创新过程中，从而减少技术标准在推出和实施过程中所面临的市场不确定性。同时各个主体之间需要模块化（Modularization）分工生产，使得生产和供应系统的各个分工部门之间形成规模经济，因为，使用这种系统产品或服务的用户越多，成本下降或质量提高就越多，网络中的用户从产品中获得的效用也就越大。

4.2.3　高新技术转化为技术标准动力的宏观环境要素

与其他系统一样，高新技术转化为技术标准动力系统也处在一定的环境中。在这一环境中，包含着对高新技术转化为技术标准动力系统有影响、有作用的各种因素。虽然与系统内部的因素相比，这些因素对转化活动的影响较小，但是它们通过与系统内部其他要素的作用和联系也会起到一定的促进作用。高新技术转化为技术标准动力系统的环境因素有许多，本书仅选取三个主要的环境因素进行分析。

1. 国际标准竞争的影响

在新经济时代，国际标准是国际贸易规则的重要组成部分和国际贸易纠纷仲裁的重要依据，标准已经成为各国技术性贸易措施的技术手段，主宰国际标准将有利于获得巨大的市场份额和经济利益。随着标准在国际贸易中的作用和地位越来越重要，主要发达国家纷纷把以争夺和主导国际标准为目标的国际标准竞争策略作为国际经济竞争的首选策略。

发达国家纷纷从技术时代进入标准时代，从技术战略发展到标准战略。发达国家及其垄断企业通过国际标准战略，将知识产权和标准体系糅合在一起，占据了高科技各个产业的发言权，制定有利于自己的标准体系，维护有利于自己的标准秩序。自 1999 年以来，美国、日本及欧洲共同体纷纷斥巨资进行了标准化战略研究，研究的重点领域是信息技术、健康、安全、环保等，重中之重是如何在相关国际机构中争夺国际标准的起草权、参与权和领导权。近两年来，一些新兴工业化国家也分别在研究、制定"追赶、跨越式"的国际标准竞争战略，争取国际标准化活动中的发言权和实质参与权。在新的时代背景下，国际标准竞争已经超越产品市场竞争和技术竞争本身。因为一项专利技术通常只能涉及一个产品，而一项标准被国际标准承认或采纳，往往会影响一个企业、一个行业、一个国家、一个区域，甚至整个世界，可带来极大的经济利益。国际标准在国际竞争中举足轻重，国际标准的竞争已经上升到国家战略的高度。

我国已经加入了 WTO，融入了经济全球化，走上了市场经济的发展道路，已经没有了回避竞争的退路。因此，无论是合理灵活运用技术性贸易措施保护我国的利益，还是参与国际市场竞争，占领国际贸易中的技术制高点，都必须参与全球各个层面的国际标准竞争。

2. 宏观经济发展水平

在经济全球化进程不断加快，科技进步日新月异，综合国力竞争日趋激烈的新世纪，我国进入了完善社会主义市场经济体制、推动经济结构战略性调整、走新型工业化道路、大力实施科教发展战略和科技兴贸战略以及产业技术发展战略的关键时期。标准在促进社会经济协调发展、实现国家发展战略过程中的地位和作用不断得到强化，甚至起到了关键性的作用。现阶段国家的宏观经济发展水平和国家发展战略对高新技术转化为技术标准必然产生影响。

3. 社会文化环境

社会文化环境会对高新技术转化为技术标准的主体产生影响。近几年来，中国标准发展的观念已经转变，出以前的重视采标率，以标准为中心；转变为以带动产业发展为中心，建立自主技术创新和知识产权的标准；中国企业做标准的目的就是要促进中国和全球产业的发展。这些观念的转变影响到一系列的行为发生转变，如政府职能的转变：由政府主导转变为政府指导；标准制定模式的转变：由科研院所为主体转变为企业为主体。

技术标准化的动力要素与外部环境之间的作用也构成了高新技术转化为技术标准动力机制运作的一部分，具体表现为：宏观经济发展水平会影响到市场需求和政府的政策行为；中国市场经济的快速发展为企业营造良好的产业环境；中国企业已经具有相当的技术、资金和人才储备。国际标准竞争的影响会对市场需求和科技发展产生一定的示范作用。社会文化环境会对高新技术转化为技术标准的主体产生影响，进而影响整个高新技术转化为技术标准的过程。

总之，这些外部宏观环境要素通过相关的标准化动力要素而发生作用，从而参与了高新技术转化为技术标准动力机制的运作。

4.3 高新技术转化为技术标准动力机制分析

4.3.1 高新技术转化为技术标准内部动力机制分析

1. 高新技术转化为技术标准内部动力的模型分析

（1）企业制定标准的动因模型——标准竞争的斯特克尔伯格博弈模型分析。

在不考虑标准的网络外部性情况下，企业制定标准的动因——利益驱动力的定量分析，可以借用斯特克尔伯格博弈模型进行分析[116][117]。在一个特定高新技术产业中，假设存在两个互不兼容的新技术标准 a 和 b，假设有两个厂商，生产基于这两个不同标准但功能相同的产品（企业 1 的产品基于标准 a，企业 2 的产品基于标准 b），在主流标准产生前，其竞争可以持续 n 个时期，$1 \leqslant n \leqslant \infty$。设两个企业在每个时期同时选择各自的产量 q_i^t（$i = 1, 2$，$t = 1, 2, \cdots, n$），单位成本为 c_i^t。市场需求决定单位价格 $p_i^t = a - (q_1^t + q_2^t)$。假设局中人 1 先行动，局中人 2 观察到 1 的产量再决定自己的选择。

第一阶段：假设最初两个标准的实施成本相同，两个企业具有相同的单位成本 c，固定成本为 0。为了求得子博弈完美均衡，本书采用逆向归纳法，从局中人 1 选定任何一种产量后开始的子博弈中，唯一的局中人是局中人 2，因此纳什均衡就退化为局中人 2 此时的最优选择，局中人 2 的最优反应函数为：

$$q_2^1 = \frac{a - c - q_1^1}{2}$$

将这一结果倒推回去，得到局中人 1 需要考虑的是以下的最大化问题：

$$\max\pi_1^1 = q_1^1\left(a - q_1^1 - \frac{a - c - q_1^1}{2} - c\right)$$

$$\frac{\partial \pi_1^1}{\partial q_1^1} = 0$$

得此时最优策略是 $q_1^{1*} = \dfrac{a - c}{2}$，由此得到局中人 2 的最优选择为 $q_2^{1*} = \dfrac{a - c}{4}$，这就是子博弈完美均衡。

相应的均衡支付为 $\pi_1^{1*} = \dfrac{(a - c)^2}{8}$，$\pi_2^{1*} = \dfrac{(a - c)^2}{16}$，局中人 1 获得了比古诺竞争中更高的利润，这完全是由于先动带来的好处，也就是先行优势。

第二阶段：由于学习效应的存在，企业 1 比企业 2 在第二阶段（$t = 2$）具有较大的成本降幅空间，更能降低成本。这是因为，一方面，随着资源得到充分利用，需求也不断扩大，规模效应导致了生产成本的下降；另一方面，随着产品成为事实标准，产品的复杂性和不确定性降低，互补产品生产的透明度也越来越高，于是交易成本降低。因此，本书假设 $c_1^2 < c_2^2 < c$，其他假设同上。

得到此时最优策略是 $q_1^{2*} = \dfrac{a - 2c_1^2 + c_2^2}{2}$，由此得到局中人 2 的最优选择为 $q_2^{2*} = \dfrac{a - 3c_2^2 + 2c_1^2}{4}$，这就是子博弈完美均衡。

相应的均衡支付为：

$$\pi_1^{2*} = \frac{(a + c_2^2 - 2c_1^2)^2}{8}$$

$$\pi_2^{2*} = \frac{(a + c_2^2 - 2c_1^2)^2}{16}$$

因为，$c_1^2 < c_2^2 < c$，可以推出：

$$q_1^{2*} = \frac{a - 2c_1^2 + c_2^2}{2} > \frac{a - c}{2} = q_1^{1*}$$

$$q_2^{2*} = \frac{a - 3c_2^2 + 2c_1^2}{4} < \frac{a - c}{4} = q_2^{1*}$$

$$\pi_1^{2*} = \frac{(a + c_2^2 - 2c_1^2)^2}{8} > \frac{(a - c)^2}{8} = \pi_1^{1*}$$

$$\pi_2^{2*} = \frac{(a + c_2^2 - 2c_1^2)^2}{16} < \frac{(a - c)^2}{16} = \pi_2^{1*}$$

也就是说，由于学习效应，先行优势具有自我强化的能力，在第二阶段，局中人 1 获得了比第一阶段更高的利润。

以次类推，在以后的每个阶段，由于学习效应持续起作用，企业 1 的成本会不断降低，因此有：$c_1^n < \cdots < c_1^t < \cdots < c_1^3 < c_1^2 < c$。

由此可以推出：

$$q_1^{n*} > \cdots > q_1^{t*} > \cdots > q_1^{3*} > q_1^{2*} > q_1^{1*}$$

$$\pi_1^{n*} > \cdots > \pi_1^{t*} > \cdots > \pi_1^{3*} > \pi_1^{2*} > \pi_1^{1*}$$

相应的：

$$q_2^{n*} < \cdots < q_2^{t*} < \cdots < q_2^{3*} < q_2^{2*} < q_2^{1*}$$

$$\pi_2^{n*} < \cdots < \pi_2^{t*} < \cdots < \pi_2^{3*} < \pi_2^{2*} < \pi_2^{1*}$$

（2）标准的网络外部性与企业制定标准的动因模型分析。

第一，标准的网络外部性。

如前所述，企业制定标准并进行技术标准竞争的目的，就是要在产业市场前景有不确定性的情况下，争取其支持标准与相关设备产品得到用户的采用，从而实现垄断利润，保持竞争优势。

Arthur（1989）曾经观察到，产业市场最终选择的主流技术往往取决于一个有限数量的最初使用者，具有这种特性的动态过程叫做路径依赖（Path Dependent），即初始使用者的行为触发一系列以后的使用行为，形成"潮流效应（Information Cascade）"[109]。

而随后网络外部性理论概念的提出可以用来分析技术选择中的"路径依赖"现象，Katz&Shapiro（1986）提出，一个产品对于其采用者的效用如果依靠该产品其他已经采用者的数量决定，则称该产品具有网络外部性，此时该产品其他已经采用者的数量则被称作安装基础（Installed Base）[118]。Brynjolfssson（1996）则进一步指出，某个产品的互补品（Complementary Products）的安装基础对该产品也具有一种间接网络外部性效应（Indirect Network Externality）[119]。

在这里为了便于进行分析，本书把"用户安装基础"的组成先界定为遵照某种技术标准演进路线的以前和现有版本设备的支持用户基数规模（即只考虑直接网络外部性）。

第二，企业制定标准动因模型分析。

本书从产业组织学中的网络外部性理论出发，来探讨企业制定标准的动因。

在主流标准尚未确立的情况下，设定用户在作出这种投资决策时对不同标准是存在一定偏好（Preference）的，那么设 u 为偏好某个特定标准的用户能获得的"单独效用"，即偏好标准 a 的用户将从选择标准 a 的决策中获得 $u + q_1^{t_i}$ 的效用。同样，偏好标准 b 的用户将从选择标准 b 的决策中获得 $u + q_2^{t_i}$ 效用。显然如 $q_1^{t_i} = q_2^{t_i}$，则标准 a 的偏好用户采用标准 a，标准 b 的偏好用户采用标准 b（$q_1^{t_i}$、$q_2^{t_i}$ 为 t_i 时已经分别支持标准 a 和 b 的用户安装基数）。

但是如果 $u + q_2^t < q_1^t$ ，标准 b 的偏好用户也将采用标准 a，也就是说如果 $q_1^t - q_2^t > u$ ，所有理性的潜在用户均会选择标准 a。

如图 4-3 所示，其纵轴表示标准 a 和 b 的用户基数差异，可将区间 [-u，u] 定义为技术标准的采用壁垒大小，潜在用户以不同的时刻 t 先后进入市场，若此时的基数差异在区间 [-u，u] 内，那么用户将按照各自的先前偏好来选择标准。

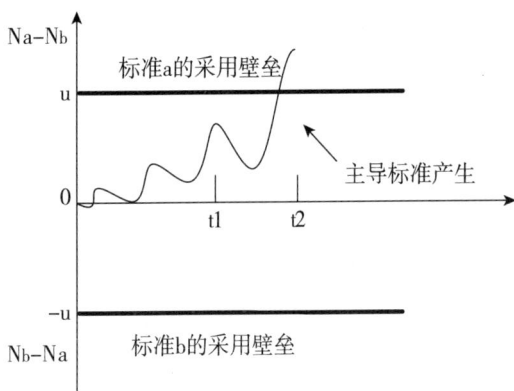

图 4-3 网络外部性对潜在用户采用标准的影响
Fig4-3　The network externalities affecting potential standard user

高新技术产品大多是经验产品，对于经验产品，由于潜在消费者在决定购买前无法得知产品实际的使用价值，因此他只能根据以往的情况做出判断。这时市场份额就显得很重要。因为网络效应，占有市场份额越大成功的可能性就越大。

由上一节的推论可知，由于标准 a 的先动优势和学习效应不断强化，q_1^t 与 q_2^t 的差距越来越大，当 $q_1^t - q_2^t > u$ 时，所有理性的潜在用户均会选择标准 a。一旦标准 a 成为事实标准，那么基于标准 a 的产品就具有较大的价格升幅空间，相应获得的利润就会增大。而且，出于对不菲转换成本的考虑，现有技术很难被取代，标准可以成为市场进入的壁垒。从而使得基于标准a的厂商1将获得市场的全部利润。所以一旦成为标准，不仅短期内可以得到经济回报，而且还可以获得市场份额和知名度等无形资产，这些对消费者将来的决策都会产生积极影响。这就是企业积极制定标准的动因所在。

（3）企业联盟制定标准的动因模型分析。

以上模型中，只考虑了标准的直接网络外部性，结果表明，若只考虑标准的直接网络外部性，技术的先动优势和学习效应会在某个时刻使得主流标准产生。但是，在高新技术产业，标准的网络外部性不仅包括直接网络外部性，还包括间接网络外部性，即在整个产业范围内与该技术标准为互补产品的相关用户规模也会影响到主流标准的产生。

本书从产业组织学中的网络外部性理论（直接网络外部性和间接网络外部性）出发，来探讨存在标准竞争的情况下，高新技术产业中的制造厂商进行组织创新，形成企业联盟参与标准竞争的动因。

在以上分析中，我们知道当 $q_1^{t_i} - q_2^{t_i} > u$ 时，所有理性的潜在用户均会选择标准a。但是仅仅依靠单独厂商的力量，需要很长的时间才会使得主流标准产生，而在这段比较长的时间内，主流标准尚未确立，作为在某个时刻 t_i 进入产业设备市场的一个理性商业用户将以追求效用最大化与风险最小化的原则来选择标准a或标准b。

如果一个开放式或半开放式的企业联盟建立，一旦联盟内外部的变化造成某种标准的用户安装基数值的差异突变（如业界内

某领先制造厂商在 t_2 时决定支持标准 a），区间壁垒 [- u，u] 被突破，则此后每个理性决策的设备用户均会选择已经在用户安装基数方面领先的标准 a[120]。这样标准 a 就在较短所时间内，成为主流标准。当然，也有可能由于联盟的建立，使得标准 b 的用户安装基础数值的差异突变（如业界内某领先制造厂商在 t_2 时决定支持标准 b），区间壁垒 [- u，u] 被突破，则此后每个理性决策的设备用户均会选择已经在用户安装基数方面领先的标准 b。

由此可以看出，生产商为了使自己的标准成为主流标准，希望不断扩大市场份额。互补产品供应商为了获得规模效应，也希望安装基础不断扩大。于是联盟各方的利益是一致的，他们加强合作，反过来又可以增强消费者对产品未来的信心。因此，如果支持标准 a 的厂商们在企业联盟方面成功地进行了组织创新，形成支持标准 a 的相关系统设备或终端的多厂家供货环境平台，保证这些厂商相关版本系统设备或终端设备均将向技术标准 a 来演进更替，即可拉大 N_a 与 N_b 的差距，从而减少标准发展过程中的不确定性与风险，影响潜在用户的预期，形成标准 a 的一个主流化的自我加强过程，从而使企业获得垄断利润，形成竞争优势。

2. 高新技术转化为技术标准内部动力的模式分析

（1）高新技术转化为技术标准的期望理论模式。

由组织行为学中的激励理论可以知道，任何组织的行为都是由一定的动机引起的，动力又是建立在一定需求之上的。三者的关系表示为：需要—动机—行为。要使这一过程能够实现，必须实施必要的激励。激励理论可以分为内容型激励、行为改造型激励和过程激励。

内容型激励侧重研究任何组织需要的内容；行为改造型激励侧重研究动机的形成过程；期望型激励属于过程型激励。期望理论的核心是研究需要和目标之间规律的。期望理论认为，一个人最佳动机的条件是：他认为他的努力极可能导致很好的表现；很好的表现极可能导致一定的成果；这个成果对他有积极的吸引力。弗鲁姆提出的期望理论的基础是：人之所以能够从事某项工作并达成组织目标，是因为这些工作和组织目标会帮助他们达成自己的目标，满足自己某方面的需要。弗鲁姆认为，人们采取某项行动的动力或激励力取决于其对行动结果的价值评价和预期达成该结果可能性的估计。换言之，激励力的大小取决于该行动所能达到目标并能导致某种结果的全部预期价值乘以他认为达成该目标并得到某种结果的期望概率。其核心内容可以表示为：

$$激励水平 = 期望值 \times 效价$$

激励水平反映的是直接推动或使人们采取某一行动的动机强弱。激励水平高，则动机强烈，动力大。期望值，是个人或组织对某一行为导致特定成果的可能性或概率的估计与判断；显然，不同素质的个人或组织，不同性格的个人或组织对这一估计是不一样的。效价是指达到目标后给行为者带来的效用大小[86]。

根据这一理论来研究技术标准形成的期望。以企业为例，一般认为，企业主观上唯一的目的是盈利，只有盈利，企业才能生存。所以可以设定标准化活动带来的直接或者间接的利润是期望理论中的效价。企业在把高新技术转化为技术标准时，对成功的概率有所估计，这个估计就是期望理论中的期望值，实际中可以设定为技术标准被认可或接收为企业标准、行业标准、国际标准甚至国际标准的概率。激励水平反映的是动机强弱程度，或者说动力大小，在这里可以直接写为标准化的动力表达式。因此，高新技术转化为技术标准的期望理论模式可以表述为：

高新技术转化为技术标准的动力＝标准化产生的效益×成功的概率

这个模式以期望理论为基础，从标准化主体的自身目的出发，研究了标准化实施的动力生成过程，并提出了动力大小的测度方式，但它忽略了高新技术转化为技术标准外在环境的影响，并不完整。

（2）高新技术转化为技术标准的风险理论模式。

该模式是在上述期望理论模式基础上的进一步发展，强调技术标准的风险要素对标准化的制约作用。高新技术转化为技术标准是充满探索性和创造性的技术经济活动，并且存在较强的外部竞争性，特别是涉及国际贸易领域的高新技术转化为技术标准，在为企业带来巨大经济效益的同时，则是它的高投入，而且当今的趋势是技术创新与标准化并举，因此存在未来的不确定性和受益滞后等方面的问题。因此，影响标准化活动动机的一个重要因素就是它的风险性，标准化风险客观存在。技术标准的形成过程中，必须充分考虑标准化风险这一重要参数。标准化风险最终都要集中反映在标准化资源的投入和损失上，标准化投入的损失程度可以直接作为标准化风险的一个定量指标，因此，测度高新技术转化为技术标准风险性程度水平公式如下：

高新技术转化为 ＝ 高新技术转化为 × 高新技术转化为技术标准的风险 ＝ 技术标准的投入 × 术标准失败的可能

（3）高新技术转化为技术标准的综合动力模式。

在综合了期望理论模式和风险理论模式的基础上，这里提出标准化的综合动力模式：

高新技术转化为技术标准的动力 ＝（标准化产生的
效益×成功期望）／（高新技术转化为技术标准的投入
×高新技术转化为技术标准失败的可能）

　　此模式既考虑了标准化收益对标准化动力的激励作用，又考虑了标准化风险对标准化动力的制约，体现了标准化动力大小取决于双方预期的度量和权衡。但是标准化的动力大小，不仅仅决定于预期收益与预期损失的比值是否大于 1，还取决于标准化成功条件下预期收益与资源投入之比是否大于行业或者部门的基准收益，即风险报酬的大小。这个模式是从标准化主体内部动力要素分析标准化的动力机制。

　　此模式也可以很好的解释标准化主体由企业主体发展为联盟网络主体，以及标准化的利益相关者如何共同推进高新技术转化为技术标准的过程。高新技术转化为技术标准产生的巨大效益激励着企业去进行高新技术转化为技术标准活动，但是高新技术转化为技术标准的高投入又使得单一企业很难承受，为了增加标准化成功的可能性，降低标准化失败的损失，企业产生了通过共享资源、共担风险进行联盟标准化的动机和行动，标准化主体相应的由企业主体发展为联盟网络主体。高新技术转化为技术标准不仅会给企业带来巨大利润，还会带动产业发展，保障国家利益，为了增加标准化成功的概率，政府、标准组织、大学、研究机构、行业协会、中介机构等会为技术标准合作网络提供包括政策、资金、专业服务、技术、人才、环境等方面的平台支持与合作协调，形成高新技术转化为技术标准的平台支持力。这些利益相关者共同努力，通过标准化为消费者提供完整的解决方案，增加消费者价值，从而通过标准的确立扩散来实现利润的最大化。

4.3.2 高新技术转化为技术标准总体动力机制分析

1. 高新技术转化为技术标准总体动力机制运作机理分析

许多事实表明，内因在事物的发展过程中起主导作用，外因总是通过内因而起作用的。因此，尽管标准化主体外部的动力要素对促进高新技术转化为技术标准活动具有重要的作用，但它们作为外因，只有通过诱导、唤起、驱动而转化成内因，才能实现其动力效能。在高新技术转化为技术标准动力机制的运作过程中，利益驱动力起着重要的核心和枢纽作用。这不仅由于企业进行高新技术转化为技术标准的目的是实现利益最大化，而且还因为企业外部的各种动力要素最终都将转化成企业利益驱动力而发挥作用。具体表现为：

首先，市场需求从本质上讲就是激发企业追求利益最大化的动力，因为只有当社会对技术标准有需求，而且这种需求还能够创造效益，企业进行高新技术转化为技术标准才会有利可图，企业也才会产生高新技术转化为技术标准的动力。

其次，市场竞争只有在对企业的经济利益构成现实或潜在的威胁时，才会给企业造成创新的压力，才能迫使企业进行创新。市场竞争的强度将对企业经济利益的实现产生影响。一般而言，市场的垄断程度越高，企业所获的垄断利润越多，企业所受的利益驱动就越大；反之，企业所受的利益驱动就越小。

再次，一项新的科学技术发明，只有含有较高的科技含量和附加价值，能够给企业带来超额利润，才会引发企业将其进行商业化应用的兴趣，才能激发企业进行高新技术转化为技术标准的热情。

最后，政府、标准组织、大学、科研机构以及其他组织的支持会有利于企业保持利益驱动。无论是政府购买、政府补贴还是标准组织的服务、大学和科研机构的科研成果都能对企业的利益提供一定程度的保障，使企业获得较高的利润，从而使企业感受到通过技术创新进行高新技术转化为技术标准所带来的利益驱动。

因此，企业利益驱动力是企业外部高新技术转化为技术标准动力作用的接入口和转化器，它在企业高新技术转化为技术标准动力机制中起着核心作用。企业如果失去了利益驱动力，高新技术转化为技术标准活动将无法进行。

企业利益驱动对市场需求、市场竞争、科学技术和政府及其他组织的支持也产生一定的影响。

首先，利益的驱动会使企业对市场上具有潜在需求且利润丰厚的新产品加紧进行研究与开发，尽快将其推向市场，并通过大量的营销活动使人们关注和购买该新产品，从而使潜在需求变为现实需求。

其次，利益驱动会改变市场竞争格局。利益的驱动常常使企业不满足于目前的竞争地位，每个企业都力图通过自身不断的创新活动，成为标准的主导者，在竞争中占据更有利的地位，因而也就不停地改变着市场竞争的状况。

再次，利益驱动也对科学技术产生了一定的推动作用。在利益的驱使下，每一个企业都力图找到更有利于自身发展的新的生产函数，希望通过提高技术含量提升自己产品的价值，以获取超额利润。企业的这种探索活动经常会导致新的科技成果的出现，从而会推动科学技术的发展。

最后，利益驱动会引发政府及其他组织的支持。企业的利益往往是与产业利益和国家的利益相关联的，因而当企业对利益的追求有利于产业发展，有利于一个国家的经济发展和国力增强时，就很容易获得政府及其他组织的支持和帮助。

2. 高新技术转化为技术标准的总体动力机制

综上所述，本书将高新技术转化为技术标准的总体动力机制概括为：在环境因素的作用和影响下，来自于市场的需求拉引力和竞争压力、来自于科学技术的推动力、来自于政府及其他组织的支持力，都将直接或间接地转化为企业利益驱动力，成为作用于企业高新技术转化为技术标准的动力源泉；企业高新技术转化为技术标准给消费者带来的价值则最终保障着企业高新技术转化为技术标准活动得以顺利进行。而成功的标准确立扩散活动又反作用于技术、市场、政府、环境，激发出新的创新需求。技术标准对技术创新的作用更多是的通过市场竞争表现出来。当一项技术被广泛运用，并得到多数用户与同行认可时，技术的事实标准业已形成，它就会影响技术的发展，决定技术的发展方向。

总之，诸多动力要素和环境因素的共同作用促使企业主体和联盟主体进行高新技术转化为技术标准活动，而高新技术转化为技术标准活动又反作用于诸因素，引发新的创新需求；新一轮创新又会推动企业在更高的层次上发展，从而使创新活动螺旋上升地不断进行。

本书用图4-4来表示上述的高新技术转化为技术标准的总体动力机制。

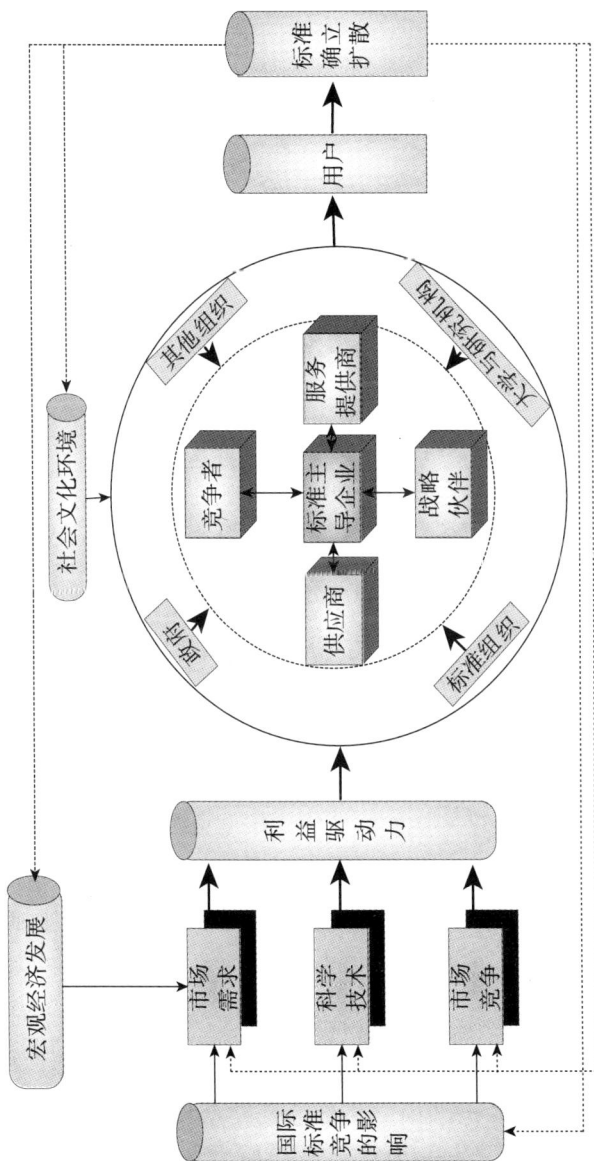

图 4-4 高新技术转化为技术标准的总体动力机制

Fig.4-4 The overall motivity mechanism model of Hi transforming technical standards

说明：图中粗实线代表标准化动力要素之间的主要作用，细实线代表外部环境因素对标准化动力要素的作用，虚线代表高新技术转化为技术标准活动对外部动力要素和环境的反作用。

4.4　本章小结

本章界定了高新技术转化为技术标准的主体，包括企业主体和合作网络主体。对高新技术转化为技术标准的动力因素进行系统分析，揭示了高新技术标准化发展的动力因素，包括利益驱动力，市场需求拉动力，市场竞争压力，科学技术推动力，由政府、标准组织、行业协会、中介机构等共同提供的硬件、软件平台支持力，消费者价值保障力；同时受到国际标准竞争、宏观经济发展水平和社会文化环境等宏观环境要素的影响。

通过建立高新技术转化为技术标准的内部动力模型，运用斯特克尔伯格博弈模型和网络经济学定量分析企业主体把高新技术转化为技术标准的内在动力以及联盟动力；得出企业在利益驱动下，有把高新技术转化为技术标准的内在动力；为了尽快达到临界容量利用正反馈效应，减少高新技术转化为技术标准过程中的风险，企业之间有联盟进行技术标准化的动力。

在对高新技术转化为技术标准动力机制运作机理分析的基础上，给出了高新技术转化为技术标准的总体动力机制：在环境因素的作用和影响下，来自于市场的需求拉引力和竞争压力、来自于科学技术的推动力、来自于政府及其他组织的支持力，都将直接或间接地转化为企业利益驱动力，成为作用于企业高新技术转化为技术标准的动力源泉；企业高新技术转化为技术标准给消费者带来的价值则最终保障着企业高新技术转化为技术标准活动得以顺利进行。而成功的标准确立扩散活动又反作用于技术、市场、政府、环境，激发出新的创新需求。

第5章　高新技术转化为技术标准模式选择及总体运行机制框架

近十多年来，技术标准联盟成为当代 ICT 产业的一种较普遍的现象。在市场上，技术标准的倡导者通过战略联盟的方式使标准进行扩散。在 ICT 产业，除了 GSM 联盟以外，还有 CDMA 联盟、不同的 3G 联盟，以及 DVD 的 3C，6C 联盟、"蓝牙"联盟等。ICT 产业的标准联盟已从单纯为解决兼容性的自发活动，演化成为壮大联盟集团市场竞争力的有组织的活动。在 ICT 技术创新越来越快的情况下，联盟标准的兴起决非偶然现象。其中的原因既涉及 ICT 产业网络效应的特点及法定标准的制度困境，又涉及标准化过程中参与者既合作又竞争，既有标准间竞争，又有标准内竞争的复杂博弈过程。鉴于高新技术标准系统性、复杂性不断加大，而我国单个高新技术企业的力量比较薄弱，我国尤其需要研究各种保障联盟标准化有效运行的机制，通过联盟标准化加快我国高新技术标准的发展，为我国的高新技术产业发展赢得竞争优势。因此，从技术标准联盟的特性、高新技术的特性、国外标准化模式经验和实现我国国际标准竞争策略几个方面入手，着重分析我国高新技术转化为技术标准选择联盟标准化的必要性与可行性。在此基础上，建立了高新技术联盟标准化的总体运行机制模式框架。

5.1 高新技术转化为技术标准模式选择分析

根据第 2 章中技术标准化的模式分类及特点，可以看出开放自愿联盟标准能较好地把市场机制的速度与强制标准的稳健有机地结合起来，通过联盟成员主要专利的交叉许可，建立了以主要专利联盟为核心的企业战略联盟，获得一举多得的效果：既分担了标准形成的风险、减少了技术交易成本等问题，又获得了标准扩散的联盟推动力。联盟标准化作为组织机制的一种，具有影响用户预期，支持相关企业进行互补产品开发，采用有利于市场渗透的定价策略等作用，从而有利于率先建立起规模化的用户安装基础，在技术标准的市场竞争中赢得领先优势。更为重要的是，技术标准联盟以一种制度方式有效化解了专利私有权和标准化公共利益的矛盾：由于是多个企业形成联盟共同提出标准，相对较多地平衡了各方的利益，具有强大的市场竞争力。因此联盟标准化的模式被广泛采用。在高新技术转化为技术标准过程中，由于以下原因更应选择联盟标准化的模式。

5.1.1 技术标准联盟的特性决定了其更适合高新技术转化为技术标准

技术标准联盟的种种优点，使得全球标准化体系已经被分为两种组织类型——传统的形式主义的机构和较新的形形色色的标准联盟或论坛——并分化出两种解决标准化问题的方法。这两种体系和解决方法是由两套相对的特性驱动的，见表 5 - 1。必须注意，技术标准联盟范畴要比正式标准机构的类别多得多，所以在此表中列出的特性应视为是总的导则。

表5－1　标准联盟和标准制定机构特性比较表[20]

Table5－1　The comparison of standards Union and the standard－setting bodies

	技术标准联盟	标准制定机构（SDO）
动力	市场驱动	过程驱动
	速度	协商一致
	以策略为中心	以技术为中心
参与和活动	志趣相投者参与	均衡参与
	有偿参与	开放进入
	高会费	很少或免费
	私人俱乐部，会员负责	向公共责任/义务
	防御性参与	有关者参与
	全面服务（销售、促销、推广、测试、认证等）	专门的（只对标准制定、销售、推广、测试、认证等）
资金来源	会员费，许可证费，巨额预算和会员赞助	文件销售收入，贸易协会赞助，一些政府投资，所有志愿者/很少或无预算
知识产权（IPR）	有知识产权问题（如特许）	避免知识产权问题（即RAND）声明：合理和无差别的）
	规范免费分发	销售标准文件

网络经济下技术标准的形成不同于传统的工业经济，传统工业经济下技术标准的形成大都滞后于产品，一般技术标准形成于技术趋于成熟后，因此一项标准的形成大都经历较长的时期，这也为各标准制定机构提供了充裕的时间。随着高新技术的迅猛发展，先前的技术标准形成模式已经不能达到技术发展的需要，由企业联盟推行的预期标准由于其市场驱动和速度方面的特性更适合高新技术转化为技术标准，由企业联盟推行的预期标准成为标

准取得与新技术发展速度一致的有效途径，这样的标准能够在技术发展和市场中起到一个导向性的作用，从而推动高新技术产业化快速发展。

技术标准联盟更注重特定的市场需要，是全面服务的组织，不但制定各项技术标准，更进而提供一致性检验、认证、推广和促销——一切将新技术推向市场的必需元素，这是传统组织所没有的。技术标准联盟能满足这些需要，是因为其具有的结构：一方面能筹集所需的财力，同时又关注真正具有财力和市场份额的团体。联盟标准化过程中，志趣相投的参与者间致力于一项相对有限的任务，免去不必要的各种程序，而且通常具有资金来坚持宣传、营销、测试、认证和维护标准。技术标准联盟的会费通常数额巨大，特别是大的公司成员，有些甚至超过每年 5 万美元（与 SDO 的很少的预算相比）。这样的投资使得技术标准联盟能够雇佣管理人员、顾问和工作人员，建立起不断发展的组织经济和文化结构，使得联盟能够很快推出标准，并更容易获得成功。

在高新技术领域，标准化过程的参与者也在寻求将自己的知识产权植入标准，并将自己置于从标准的用户处获得使用费的地位，或通过交叉许可策略抵御支付使用费。通常情况下，作为一种防护策略，各公司寻求开发可用于交叉许可协议的专利系列产品。技术标准联盟通过形成专利池或专利许可权、授予标准复制权利、从有利地位与知识产权持者签订协议、并在其成员间加强知识产权解密策略等方法。从而在处理和管理递增的知识产权问题时，处于一个很好的地位。而且，技术标准联盟通过必要专利的认定，要求专利所有者保证交易内容的质量和价格公开，将不履行义务的企业逐出技术标准联盟；同时对标准的使用者承诺无歧视许可原则。这样一来，技术标准联盟不再是一个消极的管理者，而是一个实实在在的企业。其实质是在对等的市场机制中嵌入了不对等的科层机制，虽然增加了一个层级，但却有效地提高了交易质量，减少了契约数量与交易费用。技术标准联盟由于其技术和法律方面的专业性，能够以很低成本提供更好的服务，在为技术所有者减负的同时又为标准使用者让利。

5.1.2 高新技术的特性要求联盟标准化

1. 高新技术的兼容性要求技术标准的合作与联盟

高新技术关联产品（设备）之间的兼容性和互通性对行业内甚至是行业之间的企业是至关重要的，要追逐产品（设备）间的这种兼容性和互通性，不同企业的产品（设备）就必须有一个共同兼容和互通的标准，而这些产品（设备）在研发过程中如果采取相对独立的体系进行，则这些产品（设备）之间就很难具有智能互联、资源共享的能力，更不可能产生使之自动发现、协同服务、动态组网的手段和中介。为了避免产品（设备）这一致命缺陷，关联企业的最优选择必然是拿出自己的技术、专利、研发人员组成共同的研发团队，进行合作研发。

欧洲数字移动电话通信的网络兼容性标准（缩写 GSM）[121]的建立过程，实际上是通过标准的协调与合作，整合欧洲乃至全球电信产品市场，将更大范围的相关企业联系起来。这一领域的标准化过程始于各地都试图发起一项单一的技术标准以获得前沿的技术竞争优势。然而，这一过程推进后，一些主要参与者开始改变他们的态度，试图建立标准家族。爱立信的标准化战略的改变就是这样。因为他们发现，开发便于采用不同技术的电话用户漫游的技术界面是有利可图的。这样，保持了兼容性，达到一定程度，市场规模扩大带来的优越性会超过任何单个企业分割、垄断时的受益。显然，标准化过程为新市场的扩大与开发提供了平台，技术标准的合作与发展成为高新技术等网络产业市场调整与重组的纽带和重要手段。

2. 高新技术的复杂性要求技术标准的合作与联盟

在高科技领域，越来越多的企业发现，在技术标准的发展过程中，很多技术方案非常复杂，涉及多个知识领域，仅仅依靠自己的力量发展其所需的所有知识与能力，是一件花费昂贵并且困难重重的事，因此需要大量的相关技术持有者协同与合作。在视创新为生命的高新技术产业，企业与创新网络相连接的关键和技术瓶颈就是一套技术标准。技术标准通过技术知识的特性与网络相连接，这里的网络是由经济上存在互补性、与共同技术标准关联的各参与者之间构成的虚拟网络。

由于技术标准在很大程度上是以模块方式提出的，在虚拟化的创新网络中，通过各参与主体之间相互交换数字化（编码化）知识，每一个企业都将自己独特的知识产权、产品或服务价值添加到集群网络中，从而提高整个网络的价值[115]。

3. 高新技术产品的关联性要求联盟标准化

高新技术产业，尤其是在信息产业中，所有的通信类产品和服务都具有极强的关联性，为了协调这种关联性交易，市场机制的有效方法是制定整个市场的标准，单个企业在这方面没有很好的解决方案。技术的快速发展，一方面，对这种标准的需求增强；另一方面，市场很难在短时间内形成一个统一的标准。例如，互联网中的大多数标准都是民间的，而非出自几大国际标准化组织，许多电子产品的市场标准也都是采用最先发明这项技术的企业标准。在这种情况下，技术标准联盟的协调作用十分必要，这　点在消费类电子产品、计算机硬件、计算机软件、电信产品等被称为赢者通吃（Winner – Take – A11）的产业里表现得最明显。以计算机制造业为例，一个完整的计算机系统由为数众多的计算机硬件和软件组成。没有众多零部件供应商的协作和支持，单个厂商难以完成整个系统的集成；如果众多零部件供应商提供的产品不能很好兼容，计算机系统变得毫无价值。显然，在一种信息产品的研究开发阶段，各种标准就应该确定。而此时的市场也许还未形成，更谈不上由市场提供统一的标准，为了尽快开发未来的市场，同行业中的企业结成联盟共同制定产品的技术标准成为唯一的选择。例如，微软和英特尔的战略联盟（Wintel）向微型计算机制造业提供了操作系统的标准，成功打败了微型计算机行业的创始人苹果电脑公司，成为计算机产业最具影响力的企业[122]。

5.1.3　高新技术标准的成功推广需要标准联盟

标准的形成，一是取决于技术。新标准的推出取决于新技术的形成与产业化。二是取决于市场。技术没人跟随，至多只能成为企业的内部标准，标准的拥有者根本无法获得市场游戏规则制定者的地位。技术有多方跟随，就容易制定并形成行业标准。在高新技术转化为技术标准过程中，成功的关键是能够通过网络效益形成正反馈，而引发正反馈的三项关键资产是现有的市场位置、技术能力和对知识产权的控制。这三种资产越强大，联盟的重要性就越小[29]。中国高新技术发展的起点低，与国外发达国家的差距大，引发正反馈的三项关键资产缺乏。中国大多数企业研发能力较差且拥有核心知识产权较少，依靠单个企业建立一个拥有市场扩散力的标准显然是不现实的。作为技术落后者，我国以市场合作和技术开放加大技术的市场推广，可以抓住被竞争对手忽视的机会，以扩大市场应用来对抗竞争对手的技术优势。这样，由于顾客在使用上的依赖性，使得落后技术企业就能以市场空间换取技术创新、升级的时间，获得进行后续技术开发的时间，甚至可直接逼迫竞争对手失去市场，成为市场上的"事实标准"。

对于具有俱乐部物品属性（兼容性标准）的技术标准，技术标准联盟能够扩大技术的市场推广。技术标准联盟通过向政府和法定标准机构宣传自身技术标准的优越性，说服政府使自己的技术标准成为法定标准。同时，技术标准联盟向联盟内的企业宣读政府相关的法律法规，降低了政府在这个领域制度推行成本。另外，对于政府制定的不合理政策，技术标准联盟作为整个行业的代表迫使政府修改不合理的政策[123]。

开放的兼容性联盟标准模式，使企业之间通过交叉许可解决了知识产权与标准制度冲突的难题，获得最大的市场力，为下一步标准扩散打下基础。尤其对于研发实力和市场竞争力均有限的中国企业，建立技术联盟既可分摊高额的开发成本，分散新技术开发和标准化的不确定性风险，又可以获得兼容标准的网络效应，彼此取长补短，获得互补效益。尤其可以减少企业标准之争，达到共赢目的。这客观上决定了自愿联盟性标准是中国高新技术标准形成的有效模式。

5.1.4 发达国家的成功经验表明应选择联盟标准化

在第二代移动通信的发展过程中，欧，美，日三个市场分别采取了三种不同的标准化模式，和前面讨论的事实标准、开放联盟标准、法定标准基本对应。理论和实践证明，欧洲开放式的联盟标准或混合标准方式是较为有效的标准形成和运作模式，它是美国市场事实标准和日本法定标准模式间有效的折中[124][125]。目前市场发展证实了欧洲自愿联盟组织协商的 GSM 标准取得全球性成功，占有 70% 以上的市场份额[59]。（日本政府强制性的 PDC 标准已处于淘汰阶段，美国的事实标准 CDMA 主要集中在美洲被采用，占有 13% 的全球市场份额）。自愿联盟标准能够充分利用市场机制的高效率对标准资源进行重新整合和优化配置，减少了政府和民间在标准制定方面的重复投资，提高了标准的形成效率[77]。

以上三种模式对中国的标准化具有重要政策启示：即政府法定标准和市场事实标准的有效结合对标准化的成效至关重要。中国标准化的落后状况类似于当年战后的日本，极易采用政府直接干预标准化的模式。而这种模式被证明是有很大弊端的，目前日本也已从这种模式中汲取教训，转而以积极的姿态参与移动通信 3G 标准的制定。特别是加入 WTO 后的中国又面临着市场经济国家资格认可的难题，政府对标准形成和采用的直接干预必然招致发达国家的责难。近年来 WAPI 等标准竞争的现状充分证明了这一点。

而联盟标准作为既具非竞争性又有排他性的准公共物品，探求私人物品的"市场效率"和公共物品的"公益性"的有效结合，应该能达到该类物品理想的供应模式。因为，开放的自愿联盟标准能够借助现代专利制度，既有效地排除搭便车者，又为标准的市场形成提供激励。标准联盟是从事实标准分离出来的，是优劣并存的市场标准和机构标准解决方案之间注重实效的折中[126]。换言之，开放的自愿联盟性标准供应模式能达到排他性私有利益和非排他性公共利益的有效平衡[127]。

5.1.5 "重点突破型"国际标准竞争策略的实现需要联盟标准化

我国国际标准竞争策略课题组根据我国经济、技术实力和国情，选择了"重点突破型"国际标准竞争策略。重点突破是指有重点地选择我国优势领域和特色产业，争取参与国际标准化活动的有利地位，使国际标准更多地反映我国技术要求，确保我国重点领域和特色产业在国际市场竞争中抢占战略制高点。

而实现此战略目标的标志之一就是：形成以企业为主体、政产学研相结合的实质参与国际标准化活动的机制。课题组提出对于事关我国重大利益的国际标准草案的制定，要形成以企业为主体、政产学研相结合的国际标准攻坚团队，联合公关，重点突破[102]。

技术标准联盟利用成员集成的技术和市场实力及经济系统内部技术扩散过程中的先发优势和正反馈机制，可以迅速垄断一些新技术领域，使得自己的技术标准成为事实标准，继而成为本国的行业标准或国际标准。建立联盟作为国外大公司技术标准战略的通行做法，对于我国企业有重要借鉴意义。

实际上，由联想、康佳、海尔、长城牵头成立的企业技术标准联盟——信息设备资源共享协同服务标准（IGRS），又称"闪联"标准，就是一个迄今较为成功的联盟标准化模式。业内专家认为，"闪联"标准的迅速崛起主要有三个因素。一是"闪联"作为一套技术标准，顺应了产业发展的潮流和趋势。该标准主要致力于手机、电脑、电视等信息设备的互相联通，顺应了从通信、信息、娱乐等技术产业的 3C 融合趋势。二是"闪联"联盟成员之间的协作和联合所形成的合力，发挥企业间的协同效应，以集成创新推动"联盟标准"建设，推动了闪联的发展。中国目前的企业单个实力还比较弱小，但整合起来就极具群体优势。三是闪联的开放式的工作原则和运行机制，使得闪联组织迅速壮大，为闪联的迅速发展奠定了良好的条件[4]。

5.2　高新技术转化为技术标准总体运行机制框架

技术标准联盟作为高新技术转化为技术标准的重要模式，为成功进行标准的确立扩散提供了基础。虽然联盟有许多的优势，但现实中联盟失败的比率同样很高。高新技术联盟标准化过程中涉及主导企业、供应商、竞争者、互补品生产商等多个利益相关者；整个标准化过程包括技术标准的研发、产品化、测试认证和市场推广等业务活动，需要形成技术标准联盟从技术创新到形成技术标准、及技术标准市场推广的整个运营价值链。因此，必须对高新技术转化为技术标准的运行机制进行设计，以实现各主体各环节的协同效应，从而真正实现联盟标准化的市场成功。

协同效应主要体现在，技术标准合作网络中各合作主体所能获得的整体技术标准创新能力大于各方能力总和。协同效应源自网络中各主体间的互动，通过资源、能力的弥补整合及提高效率所产生的综合效益。技术标准合作网络中的协同，是具有自组织特征的"多元互补"协同[128]。技术标准合作网络为各主体获取知识，包括技术标准这种编码化知识及经验性知识，提供了有利的途径，通过将各主体的专业知识与能力的整合，创造新的交叉知识。成功的技术标准合作网络不只是静态的基于已有能力的交换，而是要实现动态的协同。

同时，技术标准合作网络中的协同效应还体现在技术标准创新和推出的速度、技术标准的市场渗透和扩散程度。协同效应的实现在很大程度上依赖于网络中内部知识交流、知识共享的程度。在松散型的技术标准合作网络中，合作协同效应主要取决于技术标准各模块界面间的信息交流与知识的有效传递；而在紧密型技术标准合作网络中，建立在知识流动与学习基础上的知识共享的程度决定协同效应。其影响因素可以是机制方面的，如利益分配机制、也有合作过程方面的因素，如合作行为的协调和管理等。

如何建立技术标准合作联盟并通过可行的机制、策略、规则与制度，对联盟标准化进行管理与控制，直接关系到能否实现各主体各环节的协同效应，关系到联盟标准能否成功确立扩散。本书构建的高新技术转化为技术标准总体运行机制模式如图5-1所示。

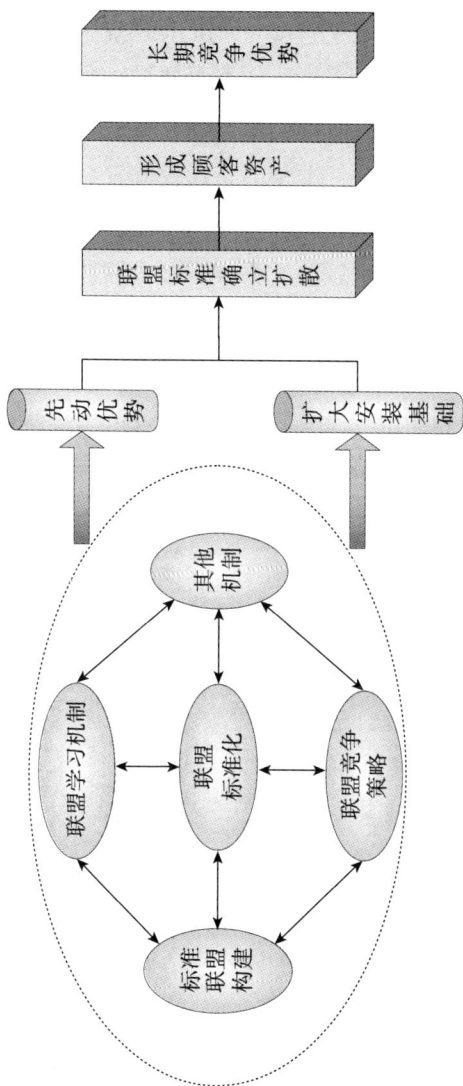

图 5-1　高新技术联盟标准化总体运行机制模式框架图

Fig5-1　The general operation mechanism model framework of High-tech Union standardization

标准的制定过程是一个开放式的过程，需要得到产业内各环节的广泛了解、参与及支持。无论是企业的兼容决策还是质量投资决策，最终都是通过市场需求或消费者效用来反映。各主体的技术标准合作能够成功，最终还要靠市场来检验，看技术标准是否被业界接受。也就是说，标准化不是仅仅制定标准，不是从制定标准本身获得利益，而是在制定标准后通过标准的运作在市场上获得竞争优势。制定标准后怎么去推行这个标准，怎么能让第三方更好地用这个标准更重要。实际上并不是一个企业的某项技术创新、特有的资源或某项改进方案就直接形成了竞争优势，而是在这些可能因素的作用下，最终通过顾客价值创造体系来赢得大规模高质量的顾客资产来形成竞争优势（汪涛等，2002）[129]。也就是说，创造顾客价值的最终目的是通过顾客锁定，形成顾客资产，取得长久竞争优势。因此，技术标准能否被业界接受的关键，在于是否通过标准的运行机制形成完整的产业链来提高创造顾客价值的能力。

一个标准最终能够得到确立和扩散，顺利成为行业标准甚至国际标准是一个非常复杂的过程。但影响技术标准确立与扩散的主要因素是标准技术本身和该技术的安装基础，这两个因素相辅相成，缺一不可，任何一个因素出现问题，都可能导致标准的失败。因此，衡量运行机制成功与否的直接标志是技术方面能否使得技术更快成熟，获得先动优势，市场方面是否扩大了安装基础。

高新技术联盟标准化运行机制中，选择合适的联盟成员组建技术标准联盟，是联盟标准成功运行的基础和保障，伙伴选择是否合适，直接关系到联盟标准能否成为以后的行业标准，如何使得联盟成员既能优势互补、共同协作，又能有效避免"搭便车"是联盟标准化市场成功的先决条件。对此，本书将在第6章做详细研究。

联盟成立后，应着重知识共享和竞争优势的形成。在技术标准化过程中的技术开发阶段，通常是多个企业贡献自有专利，形成"专利池"，共同开发技术标准。由于高新技术对应的大多属于突破性技术，没有多少技术可模仿；而且，技术总是日新月异地发生变化，技术标准一旦成功设定也并非一劳永逸。在既定技术范式下，虽然技术的主导设计没有改变，但技术必须为满足市场需求而持续创新，因而技术标准也需要得到升级换代，否则有可能被新的技术标准所替代。因此，只有通过联盟成员不断学习，创新，扩展和改善自身的基本能力，才能更新核心能力和创建新的核心能力，形成标准的竞争优势。这就需要建立有效的技术标准联盟学习机制，促进联盟成员协同学习，以实现技术突破，并尽快实现产品化。对此，本书将在第7章做详细研究。

由于高新技术标准大多存在网络效应，其市场推广不同于传统的产品，联盟标准的成功扩散需要适合标准竞争的有效策略，以快速获得市场份额，促使联盟标准快速扩散。对此，本书将在第8章做详细研究。

在高新技术标准联盟内部，各主体之间既在网络中形成共同目标，又在市场中激烈争夺利益。但是，各主体间的竞争关系一般为非对抗性的，需要建立积极协调主体间关系的机制制度，如组织机制、信任机制、利益分配机制和沟通协调机制等，以确保标准合作的顺利推进。

高新技术联盟标准化运行机制中，技术标准联盟构建是基础，联盟学习机制是关键，竞争策略是手段（助推器），其他机制是保障。通过有效的联盟标准化运行机制，使得技术更快成熟获得先动优势，扩大安装基础形成网络效应，从而使得联盟标准得以确立扩散，形成顾客资产，最终取得长期竞争优势。

由于篇幅所限，本书主要对高新技术联盟标准化运行机制中的技术标准联盟构建、联盟学习机制和竞争策略进行深入分析；对组织机制、利益分配机制和沟通协调机制等保障机制不作深入研究。在此简单解释如下。

1. 组织机制

对于高科技企业之间的技术标准合作来说，影响企业间合作组织形式的因素有许多，企业间合作组织模式的选择是一个非常复杂的问题。技术标准联盟组织形式有三种：纵向技术标准联盟，是产业链中处于上下游的不同企业构建的技术标准联盟，联盟中各成员的产品是互补的，不存在直接的竞争关系；横向技术联盟，是在产业链中处于同一产业链的企业构建的技术标准联盟，联盟中各成员间的产品是替代性的，存在直接的竞争关系；同互补品提供者的技术标准联盟，这是在更广义基础上的技术标准联盟，如果同互补品提供者的目标客户有很高的重叠性，就可以组成联盟。各种联盟组织形式都有各自的优缺点，在现实中需要根据具体情况针对性地选择恰当的技术标准联盟组织形式。

从组织结构上看，技术标准联盟是本来松散的公司联合形成的独立实体，它包括领导层、市场人员、技术人员和行政人员，一般需要设立董事会、各委员会（包括技术委员会、价值链委员会、法律委员会以及市场推广和公共关系委员会等）以及各种附属委员会。如何建立高效的组织框架，合理界定各机构职能，对联盟标准的成功确立扩散至关重要。因此，高新技术转化为技标准联盟应选择恰当的技术标准联盟组织形式，建立高效的组织机构，合理界定各机构职能，以保障联盟标准的成功确立扩散。

2. 沟通协调机制

各主体间利益的协调一致和各要素的协调发展，都有赖于企业内部的信息沟通。信息沟通是多个主体共存于一个系统的基础，也是各要素协调发展的基本条件，这是由主体或要素间的相互依赖性所决定的。一个主体为了实现自身的目标，就必须了解、适应其他主体的行为及目标需求。同时，也只有通过信息的充分沟通，才会有各主体的存在及可能的利益最大化。

高新技术转化为技术标准联盟中要实现协调发展，需要正确地界定各成员组织所充当的角色，借助现代信息技术手段，形成信息协调机制。通过信息跟踪与信息反馈机制使协作研发的研究与供求同步进行，减少不确定性对标准确立扩散的影响；使成员企业在更高层次上达到统一，促进成员企业之间、成员企业与外部环境之间的联系，培育整体创造力。

技术标准联盟各企业之间是一种既竞争又合作的比较复杂的关系，因此技术标准联盟的决策不仅要保障联盟的整体利益，还需要注意协调各成员之间的冲突。联盟成员之间从自身利益出发进行技术标准战略决策，这样有可能导致各企业之间的利益冲突和分歧，而联盟内各企业是一种契约关系，不存在阶层命令，这样各企业之间的冲突和分歧只能通过谈判以协调方式解决。因此技术标准联盟的冲突协调机制应是以谈判机制为基础形成的一系列制度，着重解决成员之间的利益冲突，维系各企业之间的合作关系，使联盟决策更具有理性[123]。

3. 利润分配机制

企业参与标准制定推广看中的是市场和隐藏在标准背后的行业发展。因此，技术标准联盟的利润分配机制尤其重要。公平合理的分配机制是技术标准联盟正常运作的重要保证，也是激发成员组织积极性的关键所在。建立良好的收益分配机制是技术标准联盟必须解决的一个关键性问题。对于技术标准联盟中的企业而言，收益和贡献密不可分。因此，技术标准联盟建立之时也是一个新的分配格局形成之时。其中，如何合理设计并确定收益分配的比例是技术标准联盟实际运作过程中必须解决的一个关键性问题。

5.3　本章小结

本章首先从技术标准联盟的特性、高新技术的特性、国外标准化模式经验和实现我国国际标准竞争策略几个方面，分析我国高新技术转化为技术标准选择联盟标准化的必要性与可行性。通过分析可知，建立起基于企业联盟的技术标准化运行机制，是中国比较现实的选择。但成立技术标准联盟并不一定能够实现联盟标准得到确立与扩散的目的。关键问题是如何建立这个技术标准联盟以及联盟应该如何运作来达到成立联盟的目的。为此，本章建立了高新技术联盟标准化的总体运行机制模式。给出了总体运行机制的框架，其中的具体机制包括联盟构建、联盟学习机制、联盟竞争策略、组织机制、沟通协调机制、利润分配机制。最后对组织机制、利益分配机制和沟通协调机制等其他机制做了简单解释。

第6章　高新技术转化为技术标准动态联盟构建方法

6.1　高新技术转化为技术标准联盟模式选择

标准的制定过程是一个开放式的过程，需要得到产业内各环节的广泛了解、参与及支持，需要形成完整的产业链。通过形成标准产业链提高创造顾客价值的能力，从而形成顾客资产，取得长久竞争优势。这就决定了技术标准联盟成员数量庞大，并且会不断发展变化的特点。联盟都坚持良好的开放性，在发展中不断地有新成员加入，最终形成全国性甚至是国际性的巨大联盟。一般的，高新技术标准联盟的参与主体多样，成员涵盖终端、软件、芯片、运营商、技术研发等标准产业链的各个环节，既有底层的操作系统厂商、数据库厂商、中间件厂商，也有办公套件厂商、应用平台软件厂商、最贴近用户的网络集成商，还有第三方机构、大学科研机构等[115]。

高新技术转化为技术标准联盟是由掌握了核心技术和获得了必要专利的主导企业创建，通过市场力量来形成合作网络核心，并将利用经济诱因，吸引其他企业成为成员的网络。Axelrod 基于UNIX 的标准化过程中的数据分析，认为联盟的潜在大小会影响企业决定是否加入，这是由于联盟大小会影响联盟的成功。

一方面，主导企业及网络的核心层，要吸引更多的企业加入，共同研发、应用和推广技术标准，通过促进标准合作网络的成长来提高合作网络的整体优势和竞争力。在技术标准合作过程中，由于技术的系统性、融合性，从技术的外部性和技术标准本身考虑，企业愿意并需要其他大量的企业和机构共同参与，使得技术标准合作网络的构建成为可行。因为，如果技术标准联盟的规模很小，标准合作网络的开放程度低，则较难在短时间内获得创建标准所必需的安装基础，就不能使联盟标准得到确立和推广。

另一方面，联盟成员数量是影响联盟稳定性的重要因素。由于联盟是一个自我执行的协议，在合作伙伴之间没有一个独立的第三方对合作者的行为进行监督，联盟的监督机制来源于合作伙伴之间的"相互监督"。如果一个联盟中每个合作伙伴的监督努力都能达到最大，并且合作者的行为可以毫无代价地观察清楚，这个联盟是一种有效的制度安排，联盟的规模可以进一步扩大，吸收更多的企业加入进来。但是，联盟中合作伙伴的一些行为努力程度难以观察和测量，或者监督合作伙伴的行为需要花费较高的代价，简单地说，联盟存在一般合作生产团队都有的纤夫现象（张五常，1983）。此时，由于某个合作伙伴的监督努力会给其他伙伴带来剩余，而成本则由监督者自己承担，结果，每个合伙人都存在监督过程中的偷懒动机，或者说合作伙伴之间就存在一种道德风险。联盟中的伙伴成员越多，这种道德风险就越大。

任剑新通过"监督博弈"模型得出结论：在只有两个合作伙伴的联盟博弈中，经过重复博弈，两企业都会选择努力监督的战略。然而，一旦战略联盟的成员增多，就会改变博弈的性质。因为每个合作伙伴的努力监督获得的收益被大家分享，自己报酬份额的影响力越来越少，这意味着每个合作伙伴不监督的动机会越来越强，每个人的行为就会缺乏约束，联盟的稳定性下降。同时，由于决策速度问题，产权占有问题，以及信息成本问题等原因，企业往往会形成比较小的联盟[130]。因此，联盟中伙伴成员的个数不宜过多。

　　Thomas Keil 也认为核心成员伙伴的选择影响联盟发展的两个阶段（标准的创建阶段和标准的扩散阶段）。核心成员的数量应适当的少，这样有利于决策和协商[24]。因为技术标准合作网络中各主体之间的决策和行动是相互影响的，适当数量的参与者，有利于决策和协调；参与者数量过多，合作网络规模过大，可能导致网络决策和运行效率的下降，不利于技术标准竞争。所以，技术标准合作网络中的各主体需要达到一定规模，同时又需要控制联盟内部参与者的数量。

　　为了既能保证技术标准联盟的稳定性和运行效率，同时又能扩大创建标准所必需的安装基础，本书提出通过高新技术转化为技术标准联盟分阶段构建的方法，按照标准产业链发展分阶段吸收联盟成员的思路。

　　高新技术转化为技术标准过程是一个从研发到实现产业化的周期过程，包括技术标准的研发、产品化、测试认证和市场推广等业务活动，涉及多个环节，需要形成从技术创新到形成技术标准及技术标准市场推广的整个运营价值链。而在技术标准的研发、产品化、测试认证和市场推广阶段所需要的能力是不相同的。按照标准化产业链发展过程分阶段选择联盟成员，一方面，在技术标准化早期可以控制联盟的规模，保证联盟决策和运行效率，促使技术标准尽快形成实现，形成"先动优势"；另一方面，随着联盟规模的扩大，又可以吸收尽量多的厂商采用标准，共同推动标准达到临界容量。所以，需要构建高新技术转化为技术标准动态联盟，分阶段吸收联盟成员。

6.2 高新技术转化为技术标准动态联盟概念模型

高新技术转化为技术标准过程中，不仅包括了技术标准自身的研发，还包括整个产业链上的与该技术标准相关的产业化研发、推广工作。因此，在技术标准联盟中，联盟成员存在着核心成员与非核心成员的区别。技术标准联盟核心成员担负着联盟中技术研发和标准的应用、推广的主要任务，这部分成员的数量一般不会很多，而非核心成员在联盟中的作用主要是在自己的领域内应用该标准、支持该标准，这部分成员的数量则越多越好。因此，如何合理构建高新技术标准联盟成为首先需要解决的问题。

目前，关于技术标准联盟的研究还处在初期阶段，只有少量的文献集中于这种联盟形式的研究。研究者开始关注企业如何利用联盟来创建标准，以及是什么影响着联盟的发展过程，并促进标准的成功。现有研究存在的主要问题是：国内外的研究大多是从标准的竞争角度出发，很少从联盟的形成与发展角度来集中研究，而且研究的标准联盟还只是少数，如围绕移动通信系统标准、蓝牙标准的联盟等。因此，对这种重要的联盟形式难以形成一个整体的认识。但是有关战略联盟理论的发展会有助于解释技术标准联盟的问题[58]。因此，本书借鉴战略联盟的相关理论方法，在吸收已有研究成果的基础上，构建高新技术转化为技术标准动态联盟概念模型。

6.2.1　标准化动态联盟研究概况

技术标准联盟分层构建的思想首先受标准生命周期模型的启发。李保红对标准生命周期的 10 个模型进行了比较分析。并且针对现有标准生命周期模型的不足，提出基于熊彼特创新三段论的标准生命周期概念模型，以通信行业标准为研究对象，将标准划分为形成阶段、实现阶段和扩散阶段[77]。他是从高新技术研发及产业化过程的角度将标准的形成扩散进行分阶段研究，对如何进行高新技术的标准化没有进行深入研究。

Thomas Keil 和余江等明确提出了联盟具有标准的创建阶段和标准的扩散阶段[120]，而其他的各种案例分析也同样反映了这一特点。更进一步，Thomas Keil 对两个阶段的发展过程作了具体分析[24]。

谭劲松等以技术标准研发与产业化策略为研究对象，分 5 个阶段分析 TD‒SCDMA 标准发展与产业化的过程与联盟策略。5 个阶段分别是：标准研发被认可阶段、产品研发联盟、产业链联盟、商业化联盟和预商用阶段[131]。

孙耀吾、曾德明（2005）从技术标准合作的角度研究集群的创新趋势，提出了基于技术标准合作的高新技术企业虚拟集群的内涵、特征与性质[132]。进一步，他们又对基于技术标准合作的企业虚拟集群结构及其参与主体间的基本关系进行了分析[115]。

韦海英从高新技术企业技术标准合作参与主体的角度研究了

高新技术企业技术标准合作网络，她依据技术标准合作网络中各主体与网络参与者之间的关系和地位，将高新技术企业技术标准合作网络划分为三个不同层次：第一层为核心层；第二层为技术网络或产品网络层；第三层为支持与协调层[80]。

综上，以前的研究者，一方面，以技术标准研发与产业化过程为研究对象，将整个过程分阶段进行分析；另一方面，从参与技术标准合作的参与主体角度，对参与主体、主体间的关系、作用以及形成的合作结构进行了研究，为本书的研究奠定了良好的基础。但是已有研究对技术标准联盟的形成机理和演进规律，以及联盟成员间如何才能更好地推进技术的标准化，使得标准得以确立和成功扩散缺乏相应的研究。

6.2.2 高新技术转化为技术标准动态联盟概念模型框架

高新技术转化为技术标准的目的在于通过标准化更好地实现高新技术产业化的目的。从标准文本到实验室产品，再到市场上的商品，这可以看做是"落地"的过程。标准再好，技术的理念再先进，如果不能成功地转化为现实市场中的商品，则一切只是空中楼阁。"束之高阁"的标准不具生产力，是失败的标准。中国目前存在着的一种危险倾向，是过于注重标准文本，提倡"中国的标准"，而忽略了在整个标准生命周期中，能力的表现虽然不同，但是实质上却是一个有机的整体，是配套的。在高新技术转化为技术标准竞争过程中，任何企业都只能在价值链的某些环节上拥有优势，而不可能拥有全部的优势。这就要求多个企业结成联盟，彼此在各自价值链的优势环节上展开合作，以最大限度地保证各个阶段的"先发优势"得以充分体现，求得整体收益的最大化。对于企业而言，最关键的影响因素在于自身的研究能力（形成阶段）、开发能力（实现阶段）和产业化能力（扩散阶段）。如果我国企业的开发能力和产业化能力较低，或者在技术标准联盟中无法整合到强大的开发能力和产业化能力，则空有"中国的标准"，也是毫无意义的。

因此，本书借鉴前人的研究成果，从产业演化的角度，将技术标准联盟分为标准研发联盟、标准产品化联盟和标准产业化联盟3个阶段，分阶段分析高新技术联盟标准化、产业化的过程。构建的概念模型如图6-1所示。

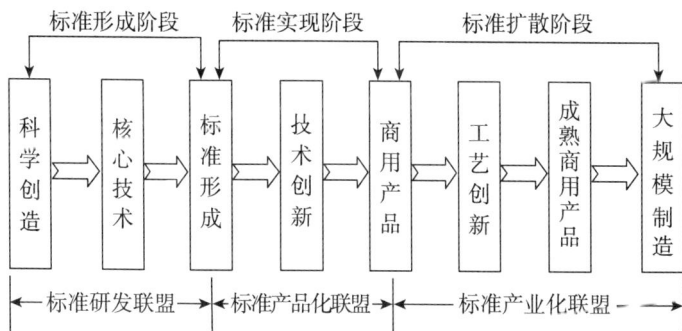

图6-1　高新技术转化为技术标准动态联盟概念模型

Fig6-1　The dynamic alliance conceptual model high-tech transforming technical standards

1. 技术标准的形成阶段建立标准研发联盟

技术标准联盟不仅仅是对一个或几个生产技术设立必须要符合要求的门槛以及能达到此标准的实施技术，而是建立一个产品技术的主导设计范式。企业只有在作为产业的主导技术范式即技术标准所规定的轨道上创新，才能避免技术被套牢，顺应技术的发展和变革。由于单个企业很难具备产品技术标准所涵盖的所有核心技术和必要专利，因此需要建立技术标准研发联盟，以及早明确核心技术体系的设计范围，及时调整或开辟正确的技术轨道，有计划地进行系统的研究和开发，使各种资源的配置和应用趋于甚至达到最优，实现持续创新。

技术标准的形成阶段是技术标准联盟发起阶段，也是联盟标准的概念提出和形成阶段，属于技术标准联盟发展的关键阶段。技术标准联盟一般都采用发起方式成立，发起企业发起技术标准联盟，此阶段的联盟主体为发起企业。由于技术标准的不确定性比较大，发起企业在发起联盟的同时也面临着巨大的风险。

标准研发联盟的目的有两个，一是加快技术开发的速度，争取技术比竞争对手早进入市场，以建立尽可能大的安装基础，促进技术成为产业标准；二是尽量减少单独进行 R&D 开发带来的不兼容性风险。在研制阶段的合作可使各方面有机会发展共同的技术标准，这为随后的产品设计和技术发展的兼容性打下基础，避免要么全赢，要么全输的局面，减少分裂市场的竞争者数量，使得在市场上竞争的标准尽可能减少[133]。

2. 技术标准实现阶段建立标准产品化联盟

完成标准的制定只是标准竞争的开始，衡量一个成功标准的最简单指标是看标准产品的市场占有率、使用标准的国家和用户数。标准文本冻结以后，标准竞争就主要集中在标准产业化能力的竞争上，即如何快速推出产品，抢占市场，如何在扩散阶段快速形成大量的用户安装基础。

在标准实现阶段，迅速研发出可商用产品，先于别的标准推出商用产品，就更容易取得先动优势；在网络外部性和锁定效应比较强的高新技术领域，最先占领市场至关重要。这需要很强的产品研发实力，联盟企业整体研发能力的强弱直接影响标准的产业化进程，而形成商用产品是产业化的第一步。

3. 技术标准扩散阶段建立标准产业化联盟

技术标准扩散阶段可以根据具体情况同时采用几种方式。一是可采取以技术转让协议和交互许可协议形式建立技术转让联盟。若高新技术标准已经形成实现，为了比竞争对手尽可能多占领市场份额，锁住众多的顾客，使技术尽快成为行业标准，便可以通过技术转让联盟来迅速扩大技术的生产规模，加大用户基础，使技术以最快的速度流行起来，并以此来影响其他用户的购头预期。二是在互补系统中，同上游或下游的互补技术建立纵向联盟，快速形成完整产业链。互补技术的供应与其兼容技术的数量正相关，因此缺乏配套技术供应的互补技术是难以持久的。通过纵向联盟利用互补技术的专有能力、资金、设备和业已建立的用户基础。以更低的成本、更快的速度得到更高质量的互补技术供应和支持，快速形成完整产业链，对标准的产业化和成功扩散具有重要意义。

如果技术标准联盟相对而言比较封闭，其中的竞争主体对标准及其知识产权具有相当的垄断力，则还可能存在另一种路径选择：不以产品的生产和销售为目标，而专注于知识产权以及基于知识产权的许可和转让。这在理论上是具可能性的，但是在现实里，只可能是个别的现象。大多数竞争主体都应该是在生产制造的基础上，才进行知识产权的交易，即两种行为应该是并存的。因为，标准的竞争既然是一个安装基础的争夺，就不仅仅需要标准文本，需要核心专利——这些仅仅是起点而已——更需要标准的推广，迅速实现产业化。假设联盟中的大部分竞争主体都仅仅关注知识产权的开发，则整个扩散过程是缓慢而缺乏效率的，这样，在面临强有力的竞争对手的时候，只能被淘汰。因此，本书所指的高新技术转化为技术标准包括从标准研发到标准产业化的全过程。

因为技术的先进，并不足以决定一切。联盟的开放性和封闭性究竟孰优孰劣，存在着许多的争论。从第二代移动通信标准竞争的结果来看，开放的联盟取得了更多的市场份额。Thomas Keil 分析蓝牙联盟的结构时，认为核心的研发与推广成员局限于少量的公司，因此，这层结构是封闭的，而对于要加入联盟来接受该标准的成员来说，联盟又是开放的[24]。余江等（2004）也指出具有较强 R&D 和关键 IPR 的企业成为联盟的主导和核心，而为了鼓励更多厂商采用该标准和投入资源，企业联盟的结构一般是半开放式的[120]。在高新技术转化为技术标准联盟内，主导企业将自己的专有技术授权或开放给其他的独立制造商，甚至同行的竞争对手，使他们在标准平台上提供兼容的产品，从而扩大技术标准的用户安装基础，获得建立技术标准正反馈机制所必需的临界容量。因此，本书研究的技术标准联盟是具有半开放结构的联盟，也就是说高新技术转化为技术标准联盟是动态发展的。

6.3 高新技术转化为技术标准动态联盟构建方法

由于技术标准联盟成立的根本目的是为了实现联盟标准的确

立与扩散，而联盟要实现此目的，最终需要依靠参与联盟的企业，候选伙伴的能力是联盟实现目标的关键。所以，技术标准联盟在候选伙伴能力评价中，必须考虑企业对技术标准的确立与扩散产生影响的能力，本书称这种能力为高新技术转化为技术标准能力。高新技术转化为技术标准能力集中体现了企业在技术标准联盟中可以发挥的作用，即对技术标准确立与扩散的作用。

根据这些分析，本书将高新技术转化为技术标准能力定义为企业在标准竞争中通过其技术实力和市场实力以及其他因素等对技术标准的确立与扩散产生推动作用的能力。可见，企业的高新技术转化为技术标准能力主要通过其技术实力和市场实力体现出来。

高新技术转化为技术标准成功的关键是分阶段正确地选择联盟成员，正确选择联盟成员的前提是需要清楚技术标准竞争中的关键因素。在高新技术转化为技术标准的过程中，成功地进行技术标准化产业化的能力取决于对 7 种关键资产的掌握：①对用户安装基础的控制；②知识产权；③创新能力；④先发优势；⑤生产能力；⑥互补产品的力量；⑦品牌和名誉[29]。这些资产的共同点是它们都可以为新技术的应用作出独特的贡献。

随着高新技术标准复杂性和系统性的增强，任何一个企业都不可能同时拥有上述各项关键性资产，主导企业需要选择盟友组成联盟去制定一个标准，在标准设定之后又必须和这些盟友竞争。而在标准化的不同阶段，所需要的关键资产是不完全相同的。下面按照高新技术转化为技术标准动态联盟的阶段划分，详细分析各阶段联盟的构建，为联盟标准化的成功奠定基础。

6.3.1　高新技术转化为技术标准联盟构建的原则

在考虑上述关键因素的基础上，还应在实际构建过程中遵循一定构建原则，以此有效指导高新技术转化为技术标准联盟的整体构建过程。

（1）互惠互利原则。高新技术转化为技术标准联盟实质上是一种知识的共享机制，它应通过知识的共享与转移，使各参与组织从中获得收益。这是高新技术转化为技术标准联盟构建的前提条件，也是高新技术转化为技术标准联盟运作的内在动力。

（2）集中优势原则。参与高新技术转化为技术标准联盟运作的组织应具备为其他组织提供相应或缺知识的能力，实现组织间知识领域的优势互补。

（3）风险最小化原则。在高新技术转化为技术标准联盟中，知识活动具有难以契约化的本质，因此，以信任为基础的非契约关系成为技术标准联盟成功的一个重要因素。高新技术转化为技术标准联盟的构建应该建立在相互信任的基础上，以最大限度地回避或减少由于核心能力外泄、丧失知识、技术产权等情况给各合作组织以及高新技术转化为技术标准联盟整体运行所带来的风险。

（4）动态性原则。高新技术转化为技术标准联盟的构建是一个动态协调过程。联盟组织必须依据外部竞争环境的变化及运行中存在的问题，及时调整高新技术转化为技术标准联盟的成员构成及合作模式，以提高高新技术转化为技术标准联盟的运作成效。

（5）兼容性原则。兼容性是联盟成功的重要基础，主要反映在目标、文化等方面的和谐一致。兼容性的前提是目标兼容。兼容并不意味着没有矛盾和摩擦，但只要双方有联盟的基础并相互尊重，就能解决分歧。

6.3.2　高新技术转化为技术标准联盟构建的步骤流程

伙伴选择是联盟形成的基础，更是联盟成功的关键。虽然现有的文献已经提供了许多联盟伙伴选择的方法，但是由于这些方法基本上集中在动态联盟与物流联盟，即使是联系最紧密的技术联盟也没有体现出技术标准联盟的特点，所以很有必要找出一种针对技术标准联盟的伙伴选择方法。

联盟发起者一旦确定需要建立技术标准联盟来推动技术标准的研发和推广，就要明确如何有组织地完成该联盟的核心成员选择。根据以往的相关研究成果[134][135][136]，并结合本书研究问题的具体要求，本书认为技术标准联盟的发起者应该充分考虑产业发展趋势，确定技术标准形成的产业价值链网，并在此基础上进行初选，建立入围伙伴集；然后，需要依据大量信息和专家经验，制定标准产业链不同阶段联盟核心成员选择的指标体系；然后，应用伙伴选择的评价指标体系对候选企业进行单目标评价与分析，进一步缩小范围；在此基础上，运用综合评价方法，建立评价模型得到候选企业的选择排序；最后，选择综合能力较高的成员进行沟通谈判，通过沟通谈判达成合作协议，建立伙伴关系。

高新技术转化为技术标准联盟伙伴选择可以按照下述的6阶段模型进行，具体流程如图6-2所示。

```
         ┌─────────────────────┐
         │   建立专门管理机构   │
         └──────────┬──────────┘
                    │
                    ▼
         ╭─────────────────╮ ........  ┌─────────────────────┐
         │      初选       │           │    缩小评价范围     │
         ╰────────┬────────╯           └─────────────────────┘
                  │
                  ▼
         ┌─────────────────────┐ ...... ┌─────────────────────┐
         │  构建评价指标体系   │        │    为评价提供依据   │
         └──────────┬──────────┘        └─────────────────────┘
                    │
                    ▼
    ┌──► ┌─────────────────────┐ ...... ┌─────────────────────┐
    │    │      单目标评价     │        │    进一步缩小范围   │
    │    └──────────┬──────────┘        └─────────────────────┘
    │               │
    │               ▼
    │    ╭─────────────────╮ .......... ┌─────────────────────┐
    │    │    综合评价     │            │ 保证选择伙伴有能力  │
    │    ╰────────┬────────╯            │ 进行标准研发、推广  │
    │             │                     └─────────────────────┘
未达成合作协议     ▼
    │    ╭─────────────────╮
    └────│  进行沟通谈判   │
         ╰────────┬────────╯
                  │  达成合作协议
                  ▼
         ┌─────────────────────┐
         │    建立伙伴关系     │
         └─────────────────────┘
```

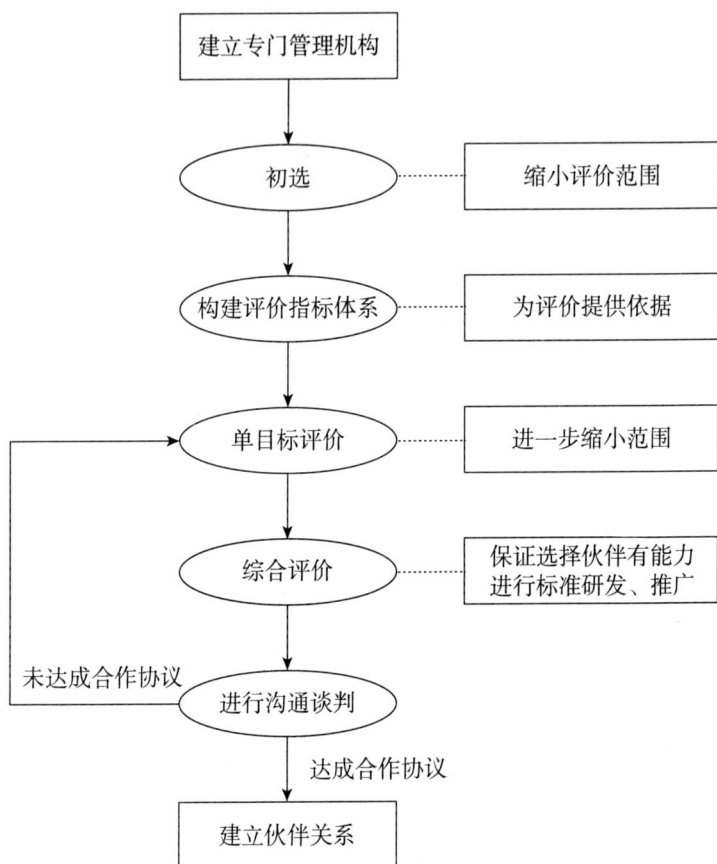

图 6 - 2   高技术标准转化联盟伙伴选择过程模型

Fig6 - 2   The partner selection process model of technical standards Union

（1）确定核心成员选择的组织管理方式。决定建立技术标准联盟对于联盟发起者来说是战略性的决策，而核心成员的选择则是这一战略性决策的第一项战略措施。除了其重要性外，核心成员的选择也具有较大的复杂性，需要花费较多成本、时间和人力。因此，为了完成核心成员的选择，联盟发起者一方面需要建立相对固定的工作团队来组织管理和协调各项事务，同时需要这一工作团队以项目管理的方式对整个核心成员选择的过程进行计划、控制、协调和信息管理等。通过有效完成该步骤，联盟发起者将能更好地为后期工作做好准备，从而保证核心成员选择的各项重要步骤有效完成。

（2）构建技术标准的产业价值链网进行初选。从众多有希望进行合作的伙伴中缩小范围，挑出可以进行评价的伙伴。在此阶段，首先构建技术标准的产业价值链网，按照标准产业链的位置对企业进行分类；其次，按照产业链发展的层次阶段，确定所需的成员类型，根据此类型在备选成员中进行选择；然后对符合产业链要求的企业进行合作意愿分析，在此基础上，对有合作意愿的企业进行合作目标考察，同时通过这些筛选条件的企业，形成入围伙伴集。基于产业链的发展层次阶段，分阶段进行联盟伙伴选择，一方面，可以满足产业链发展的需要；另一方面，又可以快速低成本的确定备选对象。

（3）确定标准产业链发展不同阶段伙伴选择评价指标体系。基于特定联盟标准化对候选企业进行综合评价，首先需要建立合适的评价指标体系。本书将给出评价指标体系的设计原则和思路，以及具有一定普遍适用性的指标体系。针对特定联盟核心业务，可以对该指标体系进行相应的修改，使其能更好地反映联盟不同阶段核心业务的具体要求，该步的完成需要借助于相关领域专家学者及经营管理高层的智慧。

（4）单目标评价。根据伙伴选择的评价指标体系对伙伴企业进行单目标的评价与分析，将候选企业根据评价指标和约束进行比较，淘汰一些不符合要求的企业，为下一阶段的多目标优化提供依据。

（5）综合评价与优化。为了对潜在伙伴进行综合评价和优化，采用多目标规划或其他算法，根据影响伙伴选择决策因素的重要性程度，分别引入权重因子，进行多目标优化，以确定最佳的伙伴组合。

（6）沟通谈判。在以上综合评价的基础上，联盟发起者已经得到各联盟核心业务领域的候选企业排序。为了最终选择合适的企业成为核心成员，需要进一步分析每个联盟核心业务领域所需要的候选企业数量，并进一步重点了解排序靠前的候选企业，与所选择的最佳伙伴进行沟通谈判，确定合作的具体细节问题。谈判成功便进入具体的执行阶段，如果以上某一步不能满足企业的要求就应该寻求其他合作伙伴。

总之，技术标准联盟的成员选择需要有固定工作团队来协调处理各项事务，需要构建技术标准的产业价值链网，对联盟核心业务进行划分，并据此进一步确定评价指标体系、各级指标权重分配，并在综合评价结果的基础上确定最终核心成员的名单。

6.3.3 高新技术转化为技术标准联盟候选企业初选的模式

候选伙伴的范围是一切对联盟标准确立与扩散有推动作用的企业。为保障联盟的成功建立，首先需要对联盟候选伙伴进行初选。初选需要对众多潜在候选伙伴进行快速过滤，确定可供评价的候选伙伴。在这一阶段，联盟发起者应该充分考虑具体高新技术产业发展趋势，构建围绕技术标准的产业价值链网络，为联盟核心业务的划分和候选企业范围的确定打好基础；然后发起企业根据标准确立与扩散的具体要求，确定自身所具有的高新技术转化为技术标准能力及所缺的高新技术转化为技术标准能力，确定伙伴选择的论域范围；利用聚类分析法思想，以核心能力原则，按任务需求、能力匹配策略进行初步筛选，从而确定伙伴能力评价的范围。

1. 高新技术转化为技术标准联盟候选企业初选的理论依据

（1）产业价值链理论

标准是为产业服务的，因为它要带动产业的发展。标准的成功并不意味着产业的成功。不光国内，国际上很多标准推出之后，没有实现有效的产业价值回报，包括 ISO 的系列标准，成功地推出了标准，但是没有实现成功的商用，标准的制定者也没有从中受益。所以一个标准推出，并不是一个结束，而只是一个开始。当然这个起点前面会有很多利益方的较量和权衡，也有很多产业群的支持和反对。标准要想有效地实现商业价值，就需要构建完整的标准产业价值链。因为，标准的作用是产业链上下游为了减少交易成本而采用的一种方法。产业价值链的提出是基于产业链和价值链的概念。产业链的本质是用于描述一个具有某种内在联系的企业群结构，它是一个相对宏观的概念，存在着两维属性：结构属性和价值属性。价值链是由一系列能够满足顾客需求的价值创造活动组成的，这些价值创造活动通过信息流、物流或资金流联系在一起。产业价值链是产业链背后所蕴藏的价值组织及创造的结构形式，反映了产业链中价值的转移和创造[137]。

制定标准实际上不是某一个企业的行为，它是产业链的行为，需要有上下游企业互相配合，对产业链形成一个设计，共同努力才能使得标准成为事实标准。中国目前的现实是，中国的企业都比较弱，要想使得创新技术和市场真正结合起来，必须进行产业链的整合。在标准的问题上，更多尊重市场，以企业为主体，由市场来决定什么样的标准最后成为事实标准，实际上是解决把法定标准和事实标准统一的问题。闪联数字内容版权保护新模式组成了"内容＋网络运营＋设备＋新型应用"的产业链架构，使内容提供商、网络运营商和终端设备提供商等各方赢利。闪联正是通过建立一条完整的产业价值链，发展成为以企业为主体的产业联盟，实现了通过战略联盟达到推广技术、创造市场、推动产业发展的目标。

从以上分析角度出发来确定候选企业所涉及的产业领域范围，对于将来技术标准能否尽量扩大影响，赢得更大消费者预期至关重要。因此，联盟发起者应该充分考虑产业的发展趋势，构建技术标准的产业价值链网络，为联盟核心业务的划分和候选企业范围的确定打好基础。

（2）聚类分析法

聚类分析法的基本思想是：如果多个候选企业在待评估指标体系中相差不大，则可以将它们并做一类，以该类为一个新的候选者，重新进行比较。此方法认为归为一类的企业之间情况相差不大，不论选择哪个，对联盟整体效益影响不会很大。卢少华（2003）认为在伙伴选择时可以用聚类方法将候选企业分类，归并相似的候选盟员，逐步缩小搜索域[138]。利用聚类分析的思想，将差别不大的企业进行分类，再结合现有的技术标准联盟成员企业的特点，可以大致确定技术标准联盟伙伴选择的范围。

2. 高新技术转化为技术标准联盟候选企业初选的过程
模式[128]~[139]

通过上一节的分析可以了解到，确定候选企业入围伙伴的过程是有章可循的，图6-3为本书给出的确定候选企业范围的过程模式。

（1）在技术、业务、市场和政府监管等方面对技术标准进行分析。在高新技术领域，各种各样的技术标准，从组元级的技术标准（Components Tandards）到大系统级的技术标准（Large System Standards），有着不同的技术复杂性。组元级技术标准可能主要由几个核心联盟成员依靠市场力量来主导标准的发展，如蓝牙标准。大系统级技术标准除了需要市场力量，还要依靠标准化组织、政府机构等多种力量来共同推动相关标准的发展，如第三代移动通信系统各种技术标准。因此，技术标准的复杂程度不同，可能使其在业务、市场和政府监管等方面也会表现出差异，从而呈现出不同的发展规律。

无论是组元级技术标准还是大系统级的技术标准，分析该技术标准所涉及的业务和市场可以更清晰地了解其应用领域范围。要达到这一目标，可以通过明确该技术标准能够实现的产品和服务来实现。

（2）确定技术标准的应用领域，构建技术标准的产业价值链网。根据第一步的分析，可以较为明确地得到技术标准的应用领域，这一工作主要是找出该技术标准能够应用到的行业范围，以及找出基于技术标准和其涉及的产品和服务，这些行业之间存在怎样的内在联系。将结果进一步细化图形化，可以得到以技术标

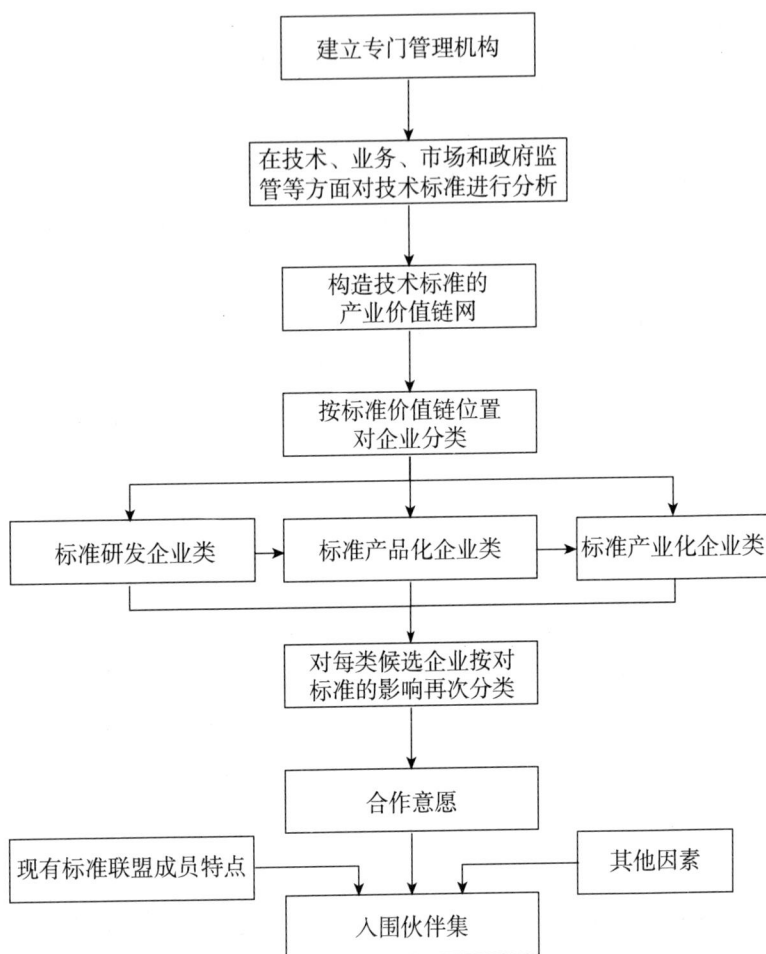

图6-3 高技术标准转化联盟候选伙伴初选的过程模式

Fig6-3 The partner primary selection process model of technical standards Union

准为内在联系的产业价值链网。在对其进行分析时，需要判断各个节点在产业价值链网中的影响力，从而明确有哪些关键网络节点。这些关键网络节点反映了未来对技术标准发展有较大影响的一些关键企业群体。不过，关键网络节点与最终的联盟核心业务可能还不完全是一一对应的关系，确定最终的联盟核心业务还需要联盟发起者考虑现实情况再对关键网络节点加以判断。这里所谓的现实情况主要是指国际产业分工的现状导致一些国外企业占据了有些关键网络节点，或者其他一些现实约束，这些约束条件可能会造成部分关键网络节点最终不能纳入联盟核心业务的情况。当然，这也并不是说在拟定候选企业名单时不将国外企业考虑在内，只是说明会存在一些关键网络节点缺失的可能性。

（3）依据标准产业链位置对企业分类。高新技术标准的确立扩散需要技术研发、产品推出和产业化推广三个阶段的紧密结合，而此三阶段所需能力分别为技术提供商、标准产品化企业和标准产业化企业所掌握。根据聚类分析法的思想，可以按照标准产业链的不同环节进行分类。结合现有的技术标准联盟特点，按照价值链的不同环节，把企业分为标准研发企业类、标准产品化企业类和标准产业化企业类三大类。

（4）依据对标准的影响程度对企业分类。根据聚类分析法的思想，按照企业对标准确立的影响程度，对价值链环节中的企业，再次进行大致的分类。根据技术标准联盟的要求，联盟伙伴必须具有一定实力，才能使联盟发挥应有的作用。因为技术标准联盟本质上是强者的游戏，是一种强强联合。伙伴实力主要体现在两点：一是企业的技术实力，能够对标准技术产生影响，如企业所拥有的专利和研发实力；二是企业对技术标准扩散的影响，主要是企业的市场实力。这些条件是企业成为联盟伙伴的必备条件，也是初选伙伴的条件。

（5）最终确定入围伙伴集合。将每个价值链环节所确定出的优秀企业进行归集，也就得到了伙伴选择的范围。除此之外，在这一阶段，其他影响企业伙伴选择的抽象因素及难以进行定量化描述的因素，比如对候选伙伴的了解和候选伙伴信息的可获得情况、伙伴的信用情况、合作意愿、合作目标、伙伴与本企业的关系等都需要考虑。联盟发起者需要多方收集相关领域企业信息，并使每项联盟核心业务上至少有三个企业作为候选。

6.3.4 高新技术转化为技术标准联盟成员评价的指标体系

为了保证合作的成功，以往研究者进行了大量联盟伙伴评价选择的研究（具体参见本书参考文献［140］~［146］）。虽然不尽相同，但是有两类共同因素是必不可少的。一是为联盟做出独特贡献的知识技术能力，二是合作能力。为联盟做出独特贡献的知识技术能力低劣的组织不具备参与联盟的实力，而不满足合作能力指标标准的成员组织同样难以构建稳定高效的联盟运行体系。两者相辅相成，缺一不可。在高新技术转化为技术标准化发展的不同阶段，所需要的具体知识技术能力是不相同的，但每个阶段都需要合作能力。因此，本书在吸收以往研究成果的基础上，设计高新技术转化为技术标准联盟成员选择的合作能力指标；针对高新技术转化为技术标准联盟的特点，根据各阶段所需知识技术能力，分阶段设计联盟成员选择的核心知识技术能力方面的指标，从这两方面建立标准产业演化不同阶段高新技术转化为技术标准联盟成员选择评价的指标体系。

1. 指标选取原则

关于评价指标选取应该遵循的原则很多学者已经进行了研

究，本书借鉴这些研究成果，同时结合技术标准联盟的特点，认为联盟候选伙伴评价指标的选取应该遵循以下原则：

（1）全面性与重点突出相结合。企业的高新技术转化为技术标准能力受多种因素及其组合效果的影响，因此对企业能力的评价须采用系统设计、系统评价的原则，保证评价指标的完整性，使所选指标尽量包括技术标准化能力的各方面，以使综合评价能较为全面地反映企业的优劣程度。同时评价指体系必须能够突出影响合作伙伴选择的主要因素，降低伙伴选择的难度，增加选择的准确性，保证对候选伙伴进行全面而又突出重点因素的评价，使评价结果具有较好的合理性和客观性。

（2）客观性与可操作性相结合。客观性要求建立的指标体系在运用中应尽量减少人为主观因素对评价过程及可能造成的影响，只有如此才能保证评价结果的真实性。但是完全遵循客观性，会造很多指标无法达到评价的目的，所以还必须要保证指标的可操作性。整个高新技术转化为技术标准联盟候选伙伴评价是一项复杂的工作，指标的设立必须考虑评价所需各种资料、数据的可获得性，收集的难度，以及收集资料需要的成本。所以评价指标应具备实际的操作性。

（3）灵活性与相对稳定性相结合。对不同类型合作伙伴的核心能力有不同的要求，所以对不同类型合作伙伴选择的评价指标应当有所不同，评价的指标体系应该具有一定的灵活性，能随实际情况的不同，对评价指标体系进行一定的调整。以使企业能根据自己的特点以及实际情况，对指标体系灵活运用。但是由于技术标准联盟伙伴选择的主体因素必须保持稳定，因此评价指标体系应该具有稳定性。

（4）定性指标与定量指标相结合。合作伙伴评价体系的许多指标是无法用定量指标描述的，而这些因素又是对合作伙伴进行挑选时所必须考虑的，因此采用定性和定量指标相结合来建立技术标准联盟合作伙伴选择评价指标体系是非常必要的。

2. 联盟成员选择的合作能力指标设计

在选择联盟成员建立合作关系时，首先需要考虑联盟成员共享知识之间的匹配性和互补性，要求成员之间要有良好的通信连通性、参与性、配合性，同时联盟成员自身运作中应具备自律协调能力。也就是需要对组织具备的合作能力进行一定程度的评价，其中包括主要协作能力及其他相关合作能力。合作能力主要涉及对组织所具备的核心知识技术能力以外的其他合作能力进行评价，是联盟成员的必备条件，主要应从合作意愿、兼容性、合作经验、合作声誉等方面考虑。以下分别进行指标设计及分析。

候选伙伴的合作意愿：联盟成员加入联盟的意愿和动机直接决定其行为，决定了企业对整体研发合作的持续投入，以及合作成员间的沟通与互动机制，对其绩效有很大影响。因为，在高新技术转化为技术标准过程中，需要联盟成员的通力合作，通过协同效应才能成功地推进标准的确立扩散。若联盟成员的合作意愿不强，就很难实现通力合作，就不可能完成标准化的目标。同时，由于联盟中合作各方关系相对比较松散，其内部存在着市场和行政双重机制的作用，而没有严格的等级制度和条例管理。因此，合作双方能否真诚合作对于联盟的成败有着决定性的影响。企业只有能够诚心诚意地看待伙伴关系，愿意在互利、互补的基础上合作，而不是通过机会主义攫取更多的利益，才值得与之合作。因此，在进行合作伙伴的选择时就要分析和考察对方的合作诚意和利益诉求，这是联盟关系建立和牢固的基石。首先需要考察候选企业参与联盟的合作态度，对候选企业的合作意愿和动机进行评估，杜绝个别管理者的意愿代表企业整体意愿；杜绝只具有短期目标和机会主义动机的候选企业进入联盟。

兼容性：联盟的成功不是单个企业做好就能成功，需要每个企业的配合。兼容是一个成功联盟所必须具备的最重要的条件之一。两个进行合作的企业，如果缺少兼容性，那么不管他们的业务关系在战略上多么重要，也不管它们彼此都多么有能力，都将很难经受时间的考验，也很难应付变化的市场和环境，因为他们首先要做到的事情是能够在一起工作。在技术标准联盟中，企业各自的技术必须有一定的兼容性，必须遵守一定的知识产权协议，否则很难形成一个共有的技术标准；同时伙伴之间的文化、战略等也必须有一定的共同点。所以设计合作目标的一致性、管理团队的兼容性、组织文化兼容性等指标。

研制技术标准的经验：研制过技术标准的企业比没有研制过技术标准的企业具有竞争力；研制过大量技术标准的企业比研制过少数技术标准的企业具有竞争力；而参与研制国家、国际技术标准的企业比只研制企业技术标准的企业具有竞争力。因为本书选择联盟伙伴最终是为了制定某种技术标准，所以企业研制技术标准的经验就显得至关重要。

企业的协作经验：由于我国以前的标准化体制一直是政府主导型，绝大多数企业参与标准化的意识不强，研制技术标准的能力和经验欠缺。在标准化体制转型阶段，本书选择更具可操作性的指标——企业的协作经验。因为高新技术转化为技术标准的过程一定程度上可以看做联盟成员间相互学习、不断进行知识创新的过程，当企业积累了相关的管理经验和学习心得时，就会把合作当作更加有效的学习"期权"。如果企业拥有不同联盟经验的背景，就拥有了更好的学习基础，因为要获取的知识将会以较熟悉的形式出现在该企业面前。同时，那些拥有合作经验基础的企业更懂得如何管理、控制知识联盟以及从这些联盟中获得更大的学习价值。当企业拥有了广泛合作和学习的经验时，知识转移、共享、创新所必需的技能就被企业提炼出来，用以指导和促进后期高新技术转化为技术标准过程中的知识转移、共享和创新。

合作声誉：企业在选择战略联盟伙伴时，倾向于选择具有良好合作声誉的企业。如果联盟双方没有前期合作关系，组织就会更多地担忧对方加入联盟的潜在动机及出现机会主义行为的可能，为了防止在合作过程中的偷懒、欺骗等不合作行为，企业不仅重视考察合作伙伴与自己过去的合作历史，也重视合作伙伴过去与其他企业的合作记录。所以设计合作声誉指标。

企业品牌和声誉：高新技术转化为技术标准联盟核心成员的市场份额和声望会使联盟能迅速建立基于技术标准的用户基数，能够较快地使"花车效应"发挥作用，这些因素会影响标准的进一步扩散。所以设计企业品牌和声誉指标。

3. 联盟成员选择的知识技术能力指标设计

候选伙伴的知识技术能力是决定联盟能否成功的一个关键因素。只有候选伙伴有能力与发起企业合作，能够对联盟投入互补性资源，合作才有价值。技术标准联盟的直接目的是实现技术标准的确立与扩散，而技术标准联盟的能力主要依靠联盟成员的能力表现出来，所以候选伙伴的技术标准化能力是合作的前提条件，可以给联盟带来持续的竞争优势。从我国的技术标准联盟来看，企业在本行业的地位和影响力是企业加入联盟的重要条件。

由于候选伙伴的技术标准化能力通过其技术能力和市场能力两个方面体现出来，所以对候选伙伴的能力评价也主要集中在技术和市场两个层面，当然还有一些其他因素也会对候选伙伴能力产生一定的影响，木书将其归在合作能力。以下分阶段分别进行指标设计及分析。

（1）高新技术标准研发联盟成员选择的知识技术能力指标设计。

标准确定的过程是一个谈判协商的过程，考察的是讨价还价的能力。各竞争主体讨价还价的动机非常明确，就是努力地在标准中争取最有利于自己的地位。这可能存在两种情况，第一种是尽可能地在标准的底层镶嵌自己拥有的专利；第二种则是尽可能使标准文本覆盖自己前期的研发投入，以保证获取一定的"先发优势"。而合作创新将使企业获得互补性的科学知识和技术，形成技术协同效应和技术组合优势，实现合作研发的范围经济，从事基础研究，降低研究开发活动所固有的不确定性，共担研究开发成本，获得规模优势。因此，为了尽快研发出核心专利，一般需要构建联盟，此阶段构建的联盟称为标准研发联盟。

标准研发联盟对应的是标准形成阶段，起始于科学创新——科学家和高级工程师在基本科学理论的基础上创造一系列新的技术；这是一个技术的创造阶段（或者说"发明阶段"），会出现大量新技术，形成不同的技术体系。标准运作的基本模式为：技术专利化—专利标准化—标准许可化。标准所涵盖的大部分核心技术都是在形成阶段被科学家和高级工程师创造出来[147]。本书定义的标准是一套完整的解决方案，集合了各类技术专利，一旦标准冻结，标准所包含的技术也就以核心专利的形式进入标准。标准形成阶段是核心技术（表现为核心专利）的形成阶段，没有可商用的产品（只是一些实验室产品），主要围绕核心专利的研发、申请展开。这属于一个知识密集型阶段，需要的主要资源是大量科学家和高级工程师。

标准研发联盟是由发起组织选择若干联盟成员，共同构成的知识共享体系。最先提出构建要求并积极实施构建行为的组织为发起组织，其他参与该组织模式运作的为联盟成员，他们各自拥有该组织模式运作所需要的一种或多种知识能力。

影响标准研发联盟成员选择的因素很多，最重要的是知识产权情况和研究能力。在竞争框架中，竞争主体所占有的知识产权，特别是核心知识产权，可以看做研究的结果，也是研究能力的一种体现。竞争主体某一方面的研究优势可以体现其研究能力，使之获得一定的先发优势。从知识管理角度看，这些都属于核心知识能力。

根据技术标准联盟构建目的和各组织参与合作的宗旨，可确定在标准研发联盟阶段，主要是针对成员组织所具备的核心知识能力进行评价。评价潜在成员组织的核心知识能力，可从知识管理过程角度着手进行分析和评价，即知识获取能力、知识学习能力和知识创新能力[148]。具体评价指标有：知识资源输入量、产学研一体化程度、消化吸收能力、专利拥有数、研发成果水平和人员素质结构等。

（2）高新技术标准产品化联盟成员选择的知识技术能力指标

设计。

高新技术标准产品化联盟对应标准的实现阶段，主要目的是在第一阶段核心专利的基础上联合进行产品研发，形成可商用的产品。技术只有被商用化，研发出产品，才能实现技术的经济价值。这是一个技术创新的阶段，这个阶段仍然会出现大量创新，也是知识产权形成的重要阶段。

标准实现阶段的研发投入要比形成阶段大的多，属于资金密集型和技术密集型阶段，需要大量的资金投入和研发人员的投入（主要是高级工程师）。比如对通信标准来说，专家估计形成阶段和实现阶段的投入比例大约为 1：10。形成阶段掌握核心专利的企业可能不具备这些能力，它们中的一些可能不得不选择退出，或者不得不借助其他具有研发实力和雄厚资金的企业的力量；因此，一些研发实力和雄厚资金的企业陆续加入[147]。此阶段形成的联盟称为标准产品化联盟。通过联盟可以获得合作伙伴的经验性知识和技能，从而缩短创新周期，缩短开发与商业化之间的时间间隔，在核心专利的基础上进行产品研发，形成可商用的产品。标准得到确立和扩散要求标准技术能够尽快推出产品，尽快发展，尽快改进，尽快成熟，只有如此才能取得先动优势，在竞争中占据优势。只有企业拥有强大的技术实力才能使标准技术具备可操作性，才能使标准技术不断得到发展和完善·所以候选伙伴对标准技术的影响主要体现在其现有的技术实力和后续的研发实力，所需要的能力主要是开发能力和工程技术能力。

开发能力不同于研究能力，主要关注的是应用层面的知识。但是，如果竞争主体在形成阶段能够依靠研究能力，积累一定的经验和隐性知识，则将可能在这一阶段获得先机，掌握主动。因为，虽然标准文本可以通过各种方式获得，但是那仅仅是知识的存量，研究的经验却是需要实践去积累的。开发能力可以从两个纬度进行考察。一是开发的速度。由于是一个"抢先"的规则，比对手先推出自己的产品可能具有战略的意义。另一个是开发产品的性能。强大的开发能力可以保证竞争主体在两个纬度上都更具领先性：缩短技术和相关产品进入市场的时间，更好的技术性能。当然，这二者之间也可能存在权衡和取舍。

工程技术能力指将理论知识成功地转化为实用技术的能力。这可以从企业知识应用能力和技术创新能力方面进行评价。具体指标设计为：新技术、成果转化率；新产品投放速度；新产品开发成功率；新知识、技术、产品投产率；技术研发经费；技术开发投入率；研发资金投入强度；研发人员投入强度；资金实力；信息技术装备水平。

在标准的实现阶段，各联盟成员的预期安装基础对标准的扩散和产业化至关重要，只有企业拥有强大的市场能力才能使标准技术得到尽快的确立与扩散。候选伙伴对标准安装基础的影响主要体现在其现有的市场影响力和后续的市场开拓能力，已经拥有的市场影响力为标准技术的确立奠定了基础，而其市场开拓能力则能保证标准技术得到不断的推广和扩散。因此在此阶段的盟员选择时，还需要考虑各联盟成员的预期安装基础。它具体又包括现有安装基础和潜在市场及其控制力。现有安装基础指在新标准确定之前，竞争主体或其联盟所锁定的顾客基础。这可以由安装基础的锁定强度，以及从旧标准技术过渡到新标准技术体系的转移成本来反映。因此，设计的具体指标为：市场占有率、顾客忠诚度。潜在市场及其控制力指竞争主体所影响的市场，主要指

"家乡市场"（即国内市场）；对潜在市场是否具有控制能力，也是考察的重要依据。

（3）高新技术标准产业化联盟成员选择的知识技术能力指标设计。

对一个高新技术企业来讲，技术标准研制能力固然很重要，但技术标准推广能力同样重要。能够研制技术标准固然是个优势，但不能够被市场认可那就有被束之高阁的可能性，就成了无用的一堆废纸。标准扩散阶段起始于标准的可商用产品，商用产品的出现实现了从书面标准到实际产品的过渡；但是技术尚需改进，工艺流程尚未定型，产品性能还不稳定；这中间还有一个工艺创新过程，包括对产品的设计、工艺流程进一步改进。经过工艺创新阶段后，产品中的技术完全成熟，产品销量增加，开始出现大规模制造。竞争者增加，市场竞争激烈，替代产品增多，产品的附加值不断走低，为了摄取更多利润，企业越来越重视降低产品成本，较低的成本开始处于越来越有利的地位。因此，这个阶段主要是资金密集和劳动密集型阶段。高新技术转化为技术标准联盟在该阶段将前期研发资金逐步收回，并继续投入下一代标准的制定和研发。随着标准产品市场逐渐进入成熟期和衰退期，新的标准产品开始出现，开始进入下一个标准周期的循环[148]。

在本阶段，标准成功扩散最重要的体现为产业化能力。竞争主体能否迅速地形成完整的产业链，能否迅速地建立大规模的生产线，能否在保证产品性能、产品质量的同时，更有利地控制成本和价格，决定了主流市场的用户安装基础能否进一步扩大，这些都是在竞争中获胜的关键。所以需要构建标准的产业化联盟。通过产业化联盟迅速构建完整的产业价值链，降低生产成本，扩大生产规模，拓展标准的应用范围，开发新产品进入新的市场；实现市场的国际化、全球化扩张等[149]。从而实现高新技术标准的产业化，实现标准的成功扩散。

如果说企业研制技术标准的能力是企业研发能力的体现，那么企业技术标准扩散能力是企业整体能力的体现，对于系统产品而言，生产的规模经济效应和学习效应都非常明显。因此成本的降低和性能的提高，可以通过扩大生产规模来实现；而生产规模在很大程度上取决于竞争主体的生产能力约束，因此，此阶段加入的盟员需要具备大批量生产能力，在外形设计、工艺流程和企业管理方面都有优势。同时，此阶段企业的营销和公关能力也是很重要的。技术标准的扩散能力实际上与企业的市场占有率和信誉度有很大关系。企业（产品）市场占有率越高，前期顾客安装基础的建设越好，就越有利于技术标准的推广；企业的信誉度高，消费者的预期就会偏向该企业，就有利于争取规模更大的、具有影响力的顾客。

因此，盟员选择的指标分为生产能力和市场能力两个大的方面，生产能力包括生产过程管理能力、工艺创新能力和生产硬件水平；市场能力包括企业影响力、市场把握能力、渠道能力和政府公关能力，选择的具体指标见表6-1。

表6-1　高新技术转化为技术标准联盟分阶段伙伴选择的综合评价指标体系

Table6-1　The phased partner selection comprehensive evaluation index
system of High-tech transforming technical standards Union

联盟阶段	目标层	要素层	具体指标
标准研发联盟	知识能力	知识获取能力	知识资源输入量
			产学研一体化程度
		知识学习能力	消化吸收能力
		知识创新能力	专利拥有数
			研发成果水平
			人员素质结构
			独立开发的产品和技术
标准产品化联盟	开发能力和技术创新能力	知识应用能力	新技术、成果转化率
			新产品投放速度
			新产品开发成功率
			新知识、技术、产品投产率
		技术创新能力	技术研发经费
			技术开发投入比率
			技术开发人员数量
			技术开发人员比率
			技术专利申请量
			专利申请增长率
			信息技术装备水平
		技术成果商业化能力	新产品投放市场的时间
			新产品或服务中融入技术的数量
		预期安装基础	市场占有率
			顾客忠诚度
			潜在市场及其控制力

			生产成本控制
标准产业化联盟	生产能力	生产过程管理能力	产品质量控制
			设备生产率与利用率
		工艺创新能力	组织设备工艺水平
			组织生产信息化水平
		生产硬件水平	生产规模
			设备先进性
			生产的自动化水平
	市场能力	企业影响力	年销售额
			销售增长率
			企业信誉度
			企业知名度
			与利益相关者的关系
		市场把握能力	市场了解程度
			市场应变能力
			市场拓展能力
		渠道能力	国内分销网络密度
			国际化销售密度
			分销信息化程度
		政府公关能力	对相关国家部委和地方政府的公关能力
盟员选择必要条件	知识技术合作能力	生产能力	研制技术标准的经验
			协作经验、联盟经验
			合作声誉、联盟信誉
		其他合作能力	参与联盟的合作态度
			组织文化兼容性
			管理体制兼容性
			发展战略兼容性
			企业品牌和声誉

4. 高新技术转化为技术标准联盟成员选择的指标体系

由于目前对企业单层面能力评价的研究已经比较多，所选择的具体指标相对也已经比较成熟，而本书所选取的三级指标主要是以文献中的已有指标[134][135][150]为基础进行改造得到，这也就保证了本书所选指标的科学性与可操作性。本书的创新之处在于根据高新技术标准化产业化的特点，从促进高新技术标准成功确立扩散的角度，从知识技术能力和合作能力方面，构建了高新技术转化为技术标准联盟分阶段伙伴选择的评价指标体系，明确了这些指标之间的逻辑关系，而不仅仅是简单的组合。知识技术能力指标低劣的组织不具备参与联盟的实力，而不满足合作能力指标标准的成员组织同样难以构建稳定高效的联盟运行体系。两者相辅相成，缺一不可，相应构成联盟成员综合能力评价指标体系，可见上表6-1。该评价指标体系的建立在一定程度上明确了联盟成员选择的标准和优化的目标，但在实际操作中，应当根据实际需求的变化进行适当的调整，以使评价指标体系保持一定的适应性和灵活性。

当评价指标体系确定之后，就可采用适当的评价方法对潜在的合作伙伴进行综合评价，以便选择出理想的合作伙伴。目前用于综合评价的定性、定量及定性与定量相结合的方法众多。如模糊数学、神经网络、遗传算法、AHP、TOPS法等。

由于AHP和模糊综合评价方法在评价联盟成员方面的实用性，并且比较简单易懂，大部分研究成果都采用了这两种方法。鉴于篇幅，本书对此评价方法不做详细研究。具体应用时，可参考本书第 3 章建立的模糊综合评价模型。

6.4　本章小结

　　本章首先探讨了高新技术转化为技术标准联盟分阶段构建的原因；然后给出了高新技术转化为技术标准动态联盟概念模型，借鉴前人的研究成果，从产业演化的角度，将技术标准联盟分为标准研发联盟、标准产品化联盟和标准产业化联盟三个阶段。标准发展的阶段不同，工作重点不同，相应所需的联盟成员能力也不同。为此，本书建立联盟伙伴选择的分层互动模型，分阶段设计了高新技术转化为技术标准联盟成员评价的指标体系，来解决联盟伙伴选择的问题。

第7章 高新技术转化为技术标准联盟的知识学习机制

高新技术转化为技术标准过程是一个复杂的合作创新过程，标准底层核心专利的研发、标准商用产品的研制和标准产业化的每个阶段过程，都是充满探索性和创新性的活动，只有通过联盟成员不断学习，创新、扩展和改善自身的基本能力，才能更好推动技术标准的发展进程。因此，知识学习机制在高新技术联盟标准化运行机制中处于核心地位，是技术标准联盟成功确立联盟标准的关键环节。本章将从知识管理过程角度研究如何建立高新技术转化为技术标准联盟的学习机制。

7.1 建立有效学习机制的重要性

无论是资源基础的企业观，还是知识基础的企业观都认为知识是企业竞争力的源泉，因此，知识的获取成为当前企业积极追求的目标。而学习则是企业知识获取、转移、吸收和积累的关键。学习对象即知识的来源有很多，而由产业竞争者、价值链、价值网上的合作者组成的网络组织以及联盟组织则是关键技术知识的主要来源。

从动态的角度分析，联盟网络为不同的成员企业提供了一个更好的学习与创新机会。成员企业不仅可以通过发现、吸收和整合网络中的存量知识，而且由于网络具有很强的知识融合性和互补性，适当的整合还会产生大量的增量和创新知识。这些增量和创新知识会对成员企业产生收益倍增的功能。如果实现这个目标，企业网络的知识资源会越来越丰富，网络的价值也会大大提升，同时也会有越来越多的独立企业加盟网络[151]。

尽管企业可以通过联盟和网络来获取共享知识，实现资源互补，培养和提高新技术创新能力和竞争力，通过合作学习扩大组织知识基础。然而，联盟的建立只是实现知识整合创新的基础，要真正实现知识整合创新，还需要组织间合作学习。因为，组织向联盟输入资源，可以是人力、专利、技术秘密等，通过不同组织间异质资源的互补、交叉和整合创造出具有巨大市场价值的新知识，这种新知识既可以通过有形的物质产品来体现，也可以表现为新服务或专利等无形资产。这是一个集各方之合力进行合作创新的过程，只有通过组织间合作学习，才能推动不同组织间知识或能力的共享与整合，进而实现知识的合作创新目标。因而，知识联盟中，组织间有效的合作学习是实现知识创新的先决条件。

发展自主知识产权的技术标准、制定预期标准，对应技术大多是突破性技术创新。突破性技术创新不仅需要一定的技术积累，而且还需要跨越原有的技术积累形成内生型技术积累。由于突破性技术创新活动具有独立性、超前性和探索性的特点，没有其他企业的成功经验可以借鉴，因此只能依靠自身的力量并通过独立探索进行技术积累。也就是说要进行探索型学习，探索型学习是开展有价值的创新性活动，这涉及创新、发明以及基础研究、开发，一般来说，可以通过干中学、用中学和研发中学这三种形式进行技术积累。

技术标准联盟内存在三层次学习。第一层次学习，是指发生在核心层内部成员企业之间的知识流动通道和过程。核心成员主要包括关键技术知识产权的拥有者或市场的主导者。该类学习主要通过人力资源在成员企业间流动、企业间协作互动和人员间正式或非正式沟通三种渠道运行。第二层次的学习是指联盟核心层的知识向外围层成员扩散的过程。技术扩散是知识以技术许可、无偿使用等方式流入企业，一般联盟内成员的技术许可价格远远低于技术向联盟外企业的许可价格，这就为成员企业节约了大量的交易成本，增加了企业应变的柔性。第三层次学习是非核心层向核心层知识流入的过程。这源于技术的进步或技术的升级，技术标准联盟对技术标准必要专利再认定，联盟核心成员发生变动，从而产生新知识的流入和知识的整合及创新。

相比于单个组织内部的学习，联盟的学习是一个更为复杂的过程，学习绩效不仅取决于知识源的因素，也取决于知识受体的因素，同时还取决于知识源与知识受体所处的系统内、外部环境。其中，联盟中学习的冲突性是其有别于单个组织学习的一个基本特征。因而，即使为了长期的共同利益而共同学习，联盟企业的合作学习因受到多方面因素的影响，其学习效果很让人怀疑，尤其当竞争对手或潜在竞争对手组成联盟时。

高新技术转化为技术标准过程是一个复杂的合作创新的过程，而各个联盟成员作为不同性质的社会子系统，其合作学习过程必然又存在亚文化的冲突。即使在合作关系建立以后，其学习效果依然存在着较大的不确定性。

基于此，在高新技术转化为技术标准联盟内建立互动学习的机制是非常有必要的，一个有效的互动学习机制不仅可以推动知识跨越企业界面在不同主体间顺畅的交流、转移和共享，而且能够创造保证互动学习有效运作的微观支撑环境，鼓励个人自主地学习、交流、分享知识和技能，从而既有利于提高个人和企业的知识水平和认知能力，又有助于共同创新目标的完成。其重要性如图 7 - 1 所示，组织间的学习机制处于联盟标准化的核心地位，是联盟标准成功确立扩散的关键环节。

7.2 知识管理视角的高新技术转化为技术标准联盟学习过程

高新技术企业的知识联盟，作为学习和创造知识的平台，为联盟成员间相互学习专业能力，形成专业能力的优势互补，创造新的交叉知识提供了一个最充分，也最具挑战性的消化吸收别人知识的机制。知识学习机制的内涵要求高新技术转化为技术标准联盟要建成知识联盟。如何建立成功的知识联盟就成为核心问题。建立知识联盟，其目的就是要使联盟内各企业能够获得其他企业的技术与能力，并且可以与其他企业合作创造新的能力以加快标准的产业化进程，提升其核心竞争力，并赢得长期的竞争优势。

7.2.1 选择知识管理视角研究的原因

知识已经成为组织最有价值的战略资源，知识管理逐渐成为管理领域的一个流派。知识管理是创造和维持企业竞争优势的关

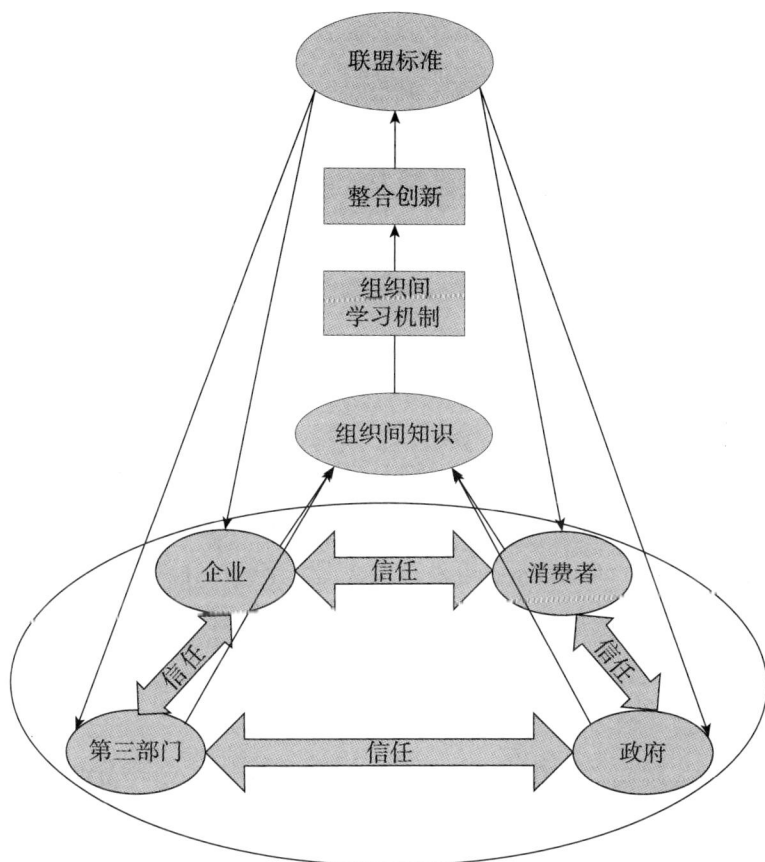

图7-1　组织间学习机制重要性示意图

Fig7-1　The importance sketch of inter-organizational learning mechanism

键基础。学者们普遍认为知识管理是一个系统，是一系列活动过程的复合。如台湾著名学者吴思华（2000）认为知识管理就是"在知识型企业中，建构一个有效的知识系统，让组织中的知识能够有效的创造、转移与增值，进而不断地产生创新性产品"；刘常勇（1999）也指出，凡是有关知识的清点、评估、监督、规划、取得、学习、流通、整合、创新活动，能有效增进知识资产价值的活动，均属于知识管理的范畴。不同学科都对知识管理问题进行了广泛研究，如情报学、信息管理、战略管理等学科，但是它们对知识管理问题研究的侧重点有所不同，相应的带来研究视角的多元化。

1. 高新技术转化为技术标准的过程属于知识管理的范畴

从知识的角度看，高新技术企业在本质上就是一个动态的、不断更新的，共享的知识系统。Florens 和 Henk（2002）认为技术标准化其实是知识管理的一种形式，即企业内生知识变量的外显[152]。企业技术标准化的过程就是企业知识的扩散、融合、积累、创造的过程，这本身也是知识管理的范畴。高新技术企业知识管理运作是一种企业柔性管理方式，知识管理与技术标准化在一定程度上提高了企业对于激烈竞争环境的敏感度，时间与知识优势确立了高新技术企业竞争优势的前提条件[153]。

技术标准控制和企业技术创新有正相关性，高新技术企业知识创新体系构建也是企业知识管理一部分。高新技术企业技术创新包括显性知识创新和隐性知识创新，企业隐性知识创新是企业知识竞争力量内聚过程，而显性知识创新是企业竞争力彰显标志，对于高新技术企业来说就是技术标准控制权的获得。在"新全球主义"背景下，高新技术企业知识管理内容以知识与技术为核心，制度以及环境建设犹如马车两轮，是实现知识管理飞跃的条件支撑，知识与技术管理的目标就是实现技术标准化，提高技术标准制定工作的控制力权重，提高利润分配额[154]。

Slob（1999）发现，在实际操作中，技术标准化的过程就是知识管理的一种实际操作形式，Slob 从企业业务流程的角度，分析知识管理和技术标准化的动态性关系，这些流程包括企业相关体制的构建、企业的 R&D 资金投入、技术标准相关工作的人力资源管理以及企业技术标准业务流程的管理等[155]。他们的研究分析都是从一个更加微观的角度去论证技术标准产生的机理。表明了高新技术转化为技术标准过程属于知识管理的范畴。

2. 知识管理与组织学习过程紧密相关

从组织制度和组织学习这个层面来研究知识管理，是大多数学者所倡导的，这确实也是知识管理的一个重要方面和途径。

从知识本身的转移与提升来看，知识管理的构架可分为知识的收集，知识的储存，知识的分享，知识的应用与知识的创新等基本过程，从组织学习的角度来看，这些过程的发生正好是学习的结果，组织成员对信息的操作、整合等过程促进了新知识的生成和创新，以增加组织的知识资本，提高组织的创新能力。

在一个创造知识的组织中，每个成员都是知识工作者，也都是知识生产者与知识管理者。张钢认为，知识型组织的创新过程中，学习机制的本质就在于实施有效的知识管理，为组织实现显性知识和隐性知识的共享提供新途径，并通过知识共享、运用集体智慧提高组织的应变和创新能力[156]。

从知识管理理论视角来看，组织学习是组织处理知识的过程。即组织为了提高自身绩效，创造、获取、转移、整合知识并进而改变其自身行为和组织绩效的活动过程。Rademacher 认为，知识管理是一组发现、获取、存储、管理、开发、传播和使用知识的综合性活动[157]。Pilar，Jose & Ramon 给出了组织学习的过程模型，模型反映了组织内部知识学习过程的持续性和动态性[158]。从这个角度来看，组织学习与知识管理是一个问题的两个方面，二者密切相关，知识管理过程也是组织内信息的加工转换过程，它与组织学习的过程融合。

正是因为高新技术转化为技术标准的过程属于知识管理的范畴，而知识管理与组织学习过程紧密相关，所以知识视角的组织学习过程研究，需要同知识管理联系起来。因此，本书在借鉴相关研究成果的基础上，选择知识管理视角来研究技术标准联盟的学习过程。虽然知识管理理论取得了很大的进展，但是对组织学习机制与知识管理理论的结合研究得不够，还有待进一步深化，尤其是对高新技术转化为技术标准联盟中学习机制与知识管理关系的分析在国内外相关文献中更为少见。所以，本书的研究无论是在理论上还是在实践中均有一定的现实意义。

7.2.2 知识管理视角的高新技术转化为技术标准联盟学习过程分析

在知识管理研究领域，存在多种不同的观念模式，如概念观、过程观、技术观、组织观、管理观和执行观等。其中，过程观为大多数学者所接受和认可。基于联盟标准化的特点，本书也采用知识管理的过程观，将联盟标准化的过程框架总结为：知识获取—知识共享—知识整合—知识创新—形成标准。这五个过程不是各自独立的五个活动，而是相互连接、相互作用的。

技术标准联盟的目的在于提高创造顾客价值的能力，以取得竞争优势，仅是获取知识、共享知识并不能充分实现这一目标，需要进一步通过知识整合使得各联盟成员的知识能够协同起来实现知识创新，服务于创造顾客价值的最终目的。所以，联盟标准化的过程就是通过知识获取，实现知识的共享、知识的整合与创新的过程。

图7-2是技术标准联盟学习的过程模型，反映了联盟知识学习过程的持续性和动态性。从知识管理理论视角来看，联盟学习是联盟处理知识的过程，即联盟为了提高绩效，获取、共享、整合、创造知识并进而改变其自身行为和组织绩效的活动过程。

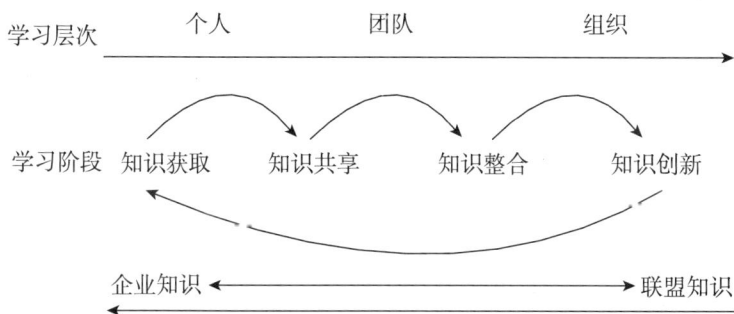

图7-2　技术标准联盟学习过程模型
Fig7-2　standardization Union learning process model

1. 技术标准联盟的知识获取

Purser&Pasmore（1998），Nelson（1993），VonHippel（1998）等学者对于组织知识的获取途径进行了较为系统的总结，认为主要有以下5种获取途径：①企业内部的研究实验室；②供应商；③竞争性厂商；④顾客；⑤公共部门。Leonard-Barton（1995）将技术知识的主要来源归纳为以下几个方面：咨询者、顾客、国家实验室、供应商、大学、其他竞争性公司、其他非竞争性公司。而观察、授权、研发合约、技术股、共同研发、特许经营、合资、并购等是获取外界技术的主要机制。许玉霞（1999）对台湾光电产业知识获取方式进行调研后发现，高等学校、内部教育培训、人员外训、上下游厂商、招募优秀员工等是产业知识的最主要来源[159]。与组织知识获取密切相关的一个概念是"吸收能力"。企业的吸收能力有助于企业直接从外部获取知识，同时有助于企业获取其他企业的溢出知识。联盟成员所具备的吸收能力越强，它从联盟中获取的收益越大，所以企业的吸收能力会影响企业获取知识的方式和效果。

技术标准联盟的知识获取阶段是对联盟成员的知识进行收集、分类和存储的过程。在知识的来源方面主要有两类，一是各种资料和文档等显性知识，在这方面需要首先进行知识调查、确认，然后将其分类、整理并加以存储；而另一类是隐性知识，它们需要经过一定的知识表示和挖掘手段才能显性化。除了隐性知识自身的性质决定了获取的难度之外，联盟双方的关系、企业自身的学习能力、态度等都对知识获取的效率与程度具有一定的影响。具体来说联盟内部企业的知识来源主要包括以下两个方面：一是互相学习对方技能；二是共同探索新的领域，获得全新知识技能。

2. 技术标准联盟的知识共享

组织学习的本质不仅仅在于使组织成员获取更多信息，而是通过组织构建的组织学习机制与氛围，经组织内成员间、团体间扩散、传播、学习、认同、加工运用知识的过程，将隐性知识和组织中个体、私人、有特殊背景的知识，转化为显性知识；组织内经创新后可向个体、团体间传达的更加系统、明确和规范的知识，以培养实现组织目标的能力。这就要通过知识共享去实现。

所谓知识共享就是组织内个体、组织的知识通过沟通、知识网络、会议、个人、团体、组织学习等各种手段使组织成员共知共享，为知识整合创新奠定基础。简而言之，知识共享是由知识共享对象——知识内容，知识共享手段——沟通、知识网络、会议、学习等，知识共享主体——个人、团体及组织三要素构成。

知识共享的资源包括两方面：组织资源和技术资源。组织资源包括知识共享所必需的制度、组织结构，组织文化、人员的配备等。技术资源指的是进行知识共享所必需的技术手段，如知识管理软件、内部网络、场所、多媒体设备等。技术资源的另一层含义是知识共享技能，不仅包括使用知识共享技术手段的技能（如软件的使用技能），而且更重要的是对于知识进行概括和总结的技能以及沟通的技能。李东认为，从有形的组织结构层面来看，知识共享应该通过恰当的组织结构形成一种知识联盟，从无形的组织文化层面来看，知识共享应致力于建构一种内在的激励机制，使知识实现合理而有效的流动[160]。

技术标准联盟共同制定标准过程中，企业进行知识共享（包括信息、专利共享），一方面，会考虑因其他企业采用己方知识资源越多，其竞争力越强而引起的竞争问题；另一方面，还会考虑知识资源共享带来的合作创新会增强企业自身的竞争力以及联盟整体的竞争优势的合作因素。企业在合作与竞争之间权衡，作出自身利润最大化的知识共享决策。为此，如何实现最大限度的知识共享成为必须解决的关键问题。

成功的知识共享依赖许多因素，不同的研究者对于这一点的看法也不尽相同：Levinson 和 Asahi 认为组织间的知识共享依赖文化、组织结构、技术和吸收能力等因素，具体而言就是水平结构比垂直结构要易于知识共享，面对面交流使得交互的学习更容易，合作中还要在保证人员稳定的同时要有轮换等[161]；Hamel 则认为组织间的学习依赖三个因素，即公司的最初意图是否要学习并把知识延伸到组织内部、联盟伙伴的透明度或开放性以及组织的接受度或学习能力；Wathne，Roog 和 Krogh 认为组织的透明度、交互学习的渠道、相互的信任和联盟的经验都会对知识共享有所影响[162]。

总结上面不同研究者的观点，本书认为主要有以下几个方面影响技术标准联盟的知识共享：联盟的愿景、联盟伙伴的心智模式、联盟的学习能力、联盟的结构和联盟间的信任程度等。这些影响因素本书将在后面两节进行详细分析。

知识的共享阶段是通过知识交流而扩展企业整体知识储备的过程，也是个人知识向组织知识迈进的一个重要环节。技术标准联盟可以通过以下几种交流方式来共享知识：第一种是人与人直接交流的方式，这也是最传统的知识交流和学习方式，如研讨会、学习会、企业培训等；第二种是通过网络进行交流的方式，如讨论组、聊天室、电子会议、电子邮件等；第三种是利用知识库进行学习的方式，比如传统的利用图书馆的学习以及现代的E－learning等。这就要求建立一个储备经验和知识的专门数据库，用以保存在高新技术转化为技术标准过程中积累起来的各种信息资源，还要委派全职的专业信息管理技术人员对数据库进行维护，确保库中数据的更新。第四种是在联盟内创办一份内部刊物，专门供那些拥有宝贵经验却又没有时间和精力把这些经验整理写成正式论文或著作的专家们，把他们的思想火花简单地概括出来，并与同仁共享[163]。

3. 技术标准联盟的知识应用整合

基于知识的企业理论认为，企业的竞争优势之源在于知识的应用而不是知识的本身。知识应用是企业员工对新知识和已有知识进行整合，并将知识应用到产品和服务中的过程。Davenport 指出知识的有效应用能帮助公司提高效率而减少成本[164]。从知识运作和知识管理的全过程来看，每一个环节都应该考虑到，然而如何有效的利用知识，却受到了不应有的忽视，目前文献中较少讨论知识如何有效应用的方法。很多学者认为员工在获得知识之后就会自然而然地应用知识，或者假设组织会很好地应用知识，比如在 Nonaka 提出的理论中讨论组织的知识创造能力，就假设只要知识产生，就会被有效地利用，然而实际情况并非如此。有的企业引进新的技术，对员工进行了一系列培训，使员工掌握新知识，但员工经常不会主动应用这些新知识。

企业在技术标准联盟中，获取对方的技术知识、在组织内部实现一定程度的共享之后，对这种知识的利用成为企业的首要任务。有学者认为知识应用过程可以理解为是一种知识整合的过程。Grant 在研究如何创造企业能力的过程中指出，企业可以通过4种方式实现知识整合，即：建立规则与指令（Rules and Directives）、使组织过程程序化（Sequencing）、形成组织惯例（Organizational Routines）和成立独立的项目团队（Self-contained Task Teams）[165]。这四种整合方法为企业应用知识提供了非常好的参考原则。企业在技术学习过程中通过利用技术知识获取阶段和共享阶段得到的知识去解决问题，从而实现其"内部升华"。这一方面表现为利用知识生产过程中学到的知识与原有的知识进行整合，从而产生并且改进原有的解决问题的方法；另一方面表现为利用共享中得到的新知识解决一定的问题。

4. 技术标准联盟的知识创新

知识创造过程是一个组织开发有价值的新思想、新方案的能力，是开发新知识替换旧知识的过程，通过社会化和协同过程以及个人的认知过程，组织中的隐性知识和显性知识被创造、共享、增强、放大和证明。关于知识创造最著名的研究之一是 Nonaka 提出的 SECI 知识转换模型，该模型被多数学者所认可。在这个模型中，组织新知识的创造是隐性知识和显性知识交互作用以及两种知识在个人、群体、组织之间螺旋式前进的结果。知识创造的四种模式包括：社会化过程（Socialization）、外化过程（Externalization）、综合过程（Combination）、内化过程（Internalization）[166]。

为使知识创造沿着知识螺旋不断前进，Nonaka 等学者在1998年又提出了与上述四种模式相对应的知识场[167]。吴春玉和苏新宁总结了另外两种有利于知识创造的"场"[168]，提出了知识创造的有效方法和手段。Heeseok 和 Byounggu Choi（2003）提出一个研究模型，对知识创造过程的影响因素作了详尽的总结和阐述，包括文化因素、结构因素、人的因素以及支持因素等[169]。

知识的螺旋式演进，本质上是个人知识逐步内化为组织知识、隐性知识逐步显性化的过程，最终实现组织知识的创新；而企业在技术标准联盟中的学习行为也经历了参与合作的人员将对方的知识内化为个人知识，并将其逐步显性化，进而在组织内部达到共享、利用的过程，目标是实现技术创新能力的提升。因此，本书借助知识的螺旋式演进理论对技术标准联盟的知识创新过程加以分析。

根据 Nonaka&Takeuchi 知识创造模型，技术标准联盟学习是一个在显性知识和隐性知识相互作用下螺旋式上升的过程，隐性知识通过人的经验和交流被分享、说明和整合为新的知识。这个学习曲线依赖于四种形式的知识转化，即社会化、外化、整合和内化。下面将分析 SECI 四个转化过程对技术标准联盟互动学习的影响。

社会化涉及在联盟中分享隐性知识，比如花时间在一起，生活或者工作在同一个环境里，并和别人产生联系。在人们的交往中，个人的经历、心智模式和技术被集体所分享而成为"有同感"的隐性知识。面对面的交流可以促使形成一个共同的基础或者理解，这有助于合作。随着隐性知识通过社会化进一步的扩散，标准化过程中的改进和创新就随之而来。因此，可以认为：社会化对技术标准联盟互动学习有正面影响。个人通过内化把显性知识转换成隐性知识。内化可以通过在现实生活中的模拟、观察及"干中学"等方式来实现。为了对联盟学习作出贡献，个人学习必须通过团队的交流来向前发展，并跨越部门和组织的边界。这就需要外化和社会化。外化机制，比如会议这种形式，就使人能够通过对话让别人明白自己的知识。在一个相似的情境下，社会化机制比如走廊谈话、指导和工作轮换将会对隐性知识从一个人转移到另外一个人有帮助。整合化会创造出新的系统性显性知识，但仅有整合化并不能导致企业能力的提高。为了达到能力提高的目的，它必须内化成隐性的个人知识，比如行为习惯和方法。因此可以认为：整合化对于技术标准联盟互动学习的影响效果受到内化的完全调节。为更容易把隐性知识传达给别人，隐性知识的外化和转变是极其重要的。外化需要由比喻、叙述、可视化图片和概念的使用来支持，这些都有利于形成共同语言和有效的对话。在联盟标准化的情况下，隐性知识仅仅被说明还不够，新说明的知识必须被个人和团队所吸收消化，才能促进联盟互动学习。这需要通过内化和社会化实现[170]。

可见，高新技术转化为技术标准联盟需要经历 SECI 四个过程的螺旋上升，并且任何一个知识转化过程的削弱都会影响到其他过程的实施。

5. 联盟标准的形成及实现

大量研究表明，知识转移对创新产出有积极影响。对于任何一个企业来说，经营的成功不仅取决于知识的创造能力，而且依赖于组织转移知识的能力。被创造出来的知识只有通过有效的转移，才能扩大其积极影响。

从静态来看，联盟标准的形成实现是各阶段知识创新的结果和表现。

从动态来看，联盟标准作为知识创新的载体起到知识转移传播的作用，为下一阶段联盟知识的获取、共享和创新起到中介桥梁作用。

已有的研究成果表明，影响组织间知识转移的因素有 5 个方面：作为知识转移主体的知识转移者和知识接受者，作为转移对象的客体——知识，最后就是主体进行知识转移的通道以及知识转移活动发生的背景因素[171]。这 5 个单独或者相互作用共同决定知识是否能够成功地转移。从知识转移者来看，知识拥有者的转移意向、对知识的保护意识，以及他的转移能力等因素都会影响知识转移，如果知识转移者的转移意愿强烈，保护意识弱化、转移知识能力强，则必然有利于知识转移。从知识受体来看，知识吸收意识、吸收能力、知识挖掘能力都会影响知识转移，这些因素越强，越有利于知识转移。从知识特征来看，知识越复杂，专用性越高，知识转移的难度越大。从知识转移的渠道来看，知识转移的通道越多，转移路径越顺畅，知识越容易成功转移。另外社会对知识转移提供的社会背景、政策支持等都会影响企业间的知识转移。

当知识内隐性较高时，通常是以"人"为媒介，通过人员互动促进知识的转移和共享。这在一定程度上限制了知识转移的速度和范围；而通过知识管理过程使得标准得以确立，再通过标准来转移扩散知识，能够加快知识转移的速度，扩大知识转移应用的范围，这样一个循环过程增加了知识的价值，能够给企业和联盟带来持续竞争优势。

7.3 高新技术转化为技术标准联盟学习机制模型

通过有效的学习机制来实现组织学习与知识创新过程，是组织学习的核心任务。因此，知识视角的组织学习机制就需要描述组织学习过程中知识创新、知识共享和知识应用的内在过程与规律。易凌峰从组织学习过程中知识流的角度，来分析知识视角的组织学习机制。通过两种知识流的描述，建构了组织学习机制的基本分析框架：组织学习是通过组织知识网络的运行得以实现，组织学习机制包括组织学习过程中基本的知识运动环节（知识加工、知识共享和知识转移）以及由此产生的不同层次知识流动的渠道和作用方式[172]。

联盟标准化的成功与否取决于联盟学习能力的高低，本书提出的基于知识管理过程的技术标准联盟学习机制，目的在于取得一个持续的相互尊重、相互依赖的学习关系，提高联盟伙伴的学习能力。

大部分组织都存在学习智障，这是由于其固守的文化、结构、管理模式、定义工作的方式以及员工的互动方式造成的。圣吉总结了组织的七种智障，提出通过自我超越、改善心智模式、建立共同愿景、团队学习和系统思考，可以建立学习型组织[173]。联盟标准化中的学习是组织学习的一种特定方式，在创新过程中形成学习型组织是标准形成、扩散的重要条件。以圣吉的五项修炼为分析基础，根据学习型组织理论，结合联盟标准化过程的特殊性，本书认为联盟标准化中，学习机制的关键要素主要包括：联盟标准确立扩散、技术标准联盟学习机制影响因素、共享的知识资源、知识管理视角的技术标准联盟学习过程、系统思考和学习的氛围。

联盟标准的形成、实现和扩散过程本质上是一个基于知识累积的持续学习过程。联盟通过持续地获取、共享、整合和创造知识，实现标准的成功确立和扩散，这一过程涉及联盟的战略、文化、结构、激励等因素以及不同层次和不同阶段的学习形态和学习主体。根据前面的讨论，联盟标准化的学习过程包括知识获取、共享、整合、创新和形成标准五个阶段，并形成一个循环。正是通过这个循环，组织的新知识得以不断地累积起来，并以标准的形式进行转移扩散。联盟标准之所以能够被市场认可，其根本原因就在于在标准的形成、实现和扩散等各个阶段，组织、团队、成员等各个层次都进行了有效的学习。因此，本书提出一种基于技术标准联盟学习过程的学习机制综合模型，如图7-3所示，可以对联盟标准化过程中的持续学习机制进行更深刻的描述。

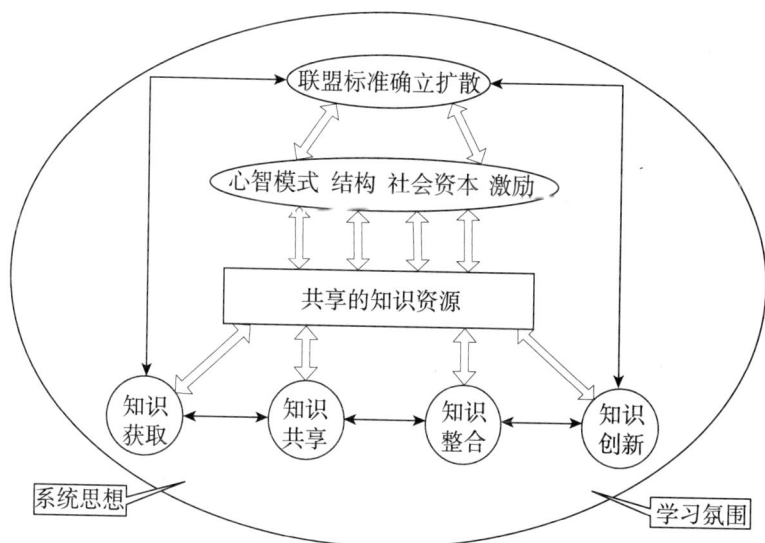

图7-3 基于知识管理过程的技术标准联盟学习机制模型
Fig7-3 The standardization Union learning mechanism model
based on the knowledge management process

图7-3给出了基于知识管理过程的技术标准联盟学习机制的运行模式。此模式的含义是，在知识资源共享的平台上，在学

习机制影响因素的作用下，通过知识管理视角的技术标准联盟学习过程，实现联盟标准的确立扩散。而且此学习机制是动态循环的过程，为进行深入分析，可以将其分为三个阶段：标准的形成、标准的实现和标准的扩散阶段。下面，将对技术标准联盟学习机制的各个构成要素进行分析。

1. 联盟共同愿景：联盟标准确立扩散

彼得·圣吉提出的创建学习型组织的五项修炼中，共同愿景（Share Dvision）是首要环节，这一概念也适用于技术标准联盟这类组织。它能为联盟创造一体感、使命感和认同感，使联盟各方融合起来，形成巨大的凝聚力，能合理解决联盟短期目标与长期目标、静态学习与动态学习、局部学习与全面学习的协同问题。

组织愿景的存在使组织成员放弃了原有的心智模式，勇于承认个人和组织的缺点，因而能够激发新的思考和行动方式，向更高的目标努力。缺少组织愿景，组织关注的将会是短期目标，充其量只会产生适应性学习；成员学习将难以对联盟学习有所贡献。而组织愿景的存在使人们致力于创造性学习，并在适当的时候激发和保证组织创新行为的顺利开展[174]。

技术标准联盟的学习机制中，将联盟标准的确立扩散作为联盟的愿景，为联盟学习与创新提供了焦点和方向，影响到联盟所有的活动，并使各种活动融合起来。

2. 知识管理视角的技术标准联盟学习过程

技术标准联盟的学习可以从以下三个方面判断：联盟能不断地获取知识，并在联盟内传递知识、创造出新的知识；联盟能不断增强自身的能力和活力；联盟能带来行为和绩效的改善[175]。技术标准联盟学习过程包括知识获取、知识共享、知识整合、知识创新和标准形成扩散。此过程是动态循环的过程，一个学习过程的结束，同时也是另一个学习过程的开始。从静态来看，联盟标准的形成实现是各阶段知识创新的结果和表现。从动态来看，联盟标准作为知识创新的载体起到知识转移传播的作用，为下一阶段联盟知识的获取、共享和创新起到中介桥梁作用。

标准形成阶段：技术标准联盟通过从联盟成员和外部获取知识，进行知识的共享和整合，实现知识的创新，使得标准形成。标准文本的形成一方面标志着联盟阶段目标的实现，另一方面又可以作为知识创新的有效载体，快速转移到联盟组织和各成员企业。标准文本的形成作为标准研发阶段的知识创新结果，为知识循坏过程提供了必要的新知识来源和补充，对标准的产品化起到积极作用。

标准实现阶段：第一阶段形成的标准，通过知识转移进入技术标准联盟，技术标准联盟同时再获取其他相关知识，通过知识的共享整合，在标准文本的基础上通过知识创新研发出基于此高新技术标准的商用产品。标准实现可商用的产品标志着联盟标准化又一个阶段目标的实现，同时承载更多知识信息，为标准的扩散，实现产业化奠定了基础。

标准扩散阶段：在标准研发出可商用产品的基础上，技术标准联盟通过进一步吸收制造销售方面的伙伴加盟，进一步获取知识，通过相互学习，知识共享整合，实现标准的扩散。

3. 共享的知识资源

联盟的学习过程中很重要的是形成共享的知识基础，这个成员可共享的知识基础也称为知识基（Knowledge Base），在学习过程中联盟成员不断的交流并积累知识，扩大知识基，并在知识的共享与吸收过程中应用和创造新知识。共享知识资源，即联盟成员之间建立的一个网络知识共享平台，不仅可以提高成员企业的学习效率，而且对成员企业的知识学习能力积累产生激励作用。更重要的是，网络知识共享平台使网络中的公共知识资源具有产权明晰的"虚拟私有"性质：每家成员企业都可能将公共知识资源视为自家企业的私有产权[176]。

因此，技术标准联盟知识基的建构为盟员学习提供了知识资源支持，并在共享的过程中发展了组织学习的能力和创新能力。

例如，联盟标准化的标准研发阶段，各盟员通过专利联盟的专利交叉许可模式形成共享的知识资源。"专利联盟"（Patent Pool）（也称专利池、专利联营）是由多个专利拥有者为了能够彼此之间分享专利技术或者统一对外进行专利许可，而通过专利交叉许可所形成的一个战略联盟组织。专利联盟创造了一个知识分享和知识学习的环境，使得联盟成员可以在联盟内部更容易地进行知识学习和资源积累。

专利联盟中由于合作伙伴在技术上都是属于相近领域内的先进代表，他们之间具有比普通战略联盟更强的相似与互补性，使得彼此对联盟中专利技术的学习和吸收都相对容易，技术知识的隐含性对联盟成员来说其实相对比较容易理解。而且通过合作伙伴之间的交流和沟通有利于对这种知识的理解和流动。公司的市场管理人员和技术职员都可以通过专利学习获取知识。专利分析可以降低研发中的重复活动，而且专利中的信息不能从其他地方得到，因此专利分析非常有效。比如，诺基亚参与了世界主要的通信技术标准。参与这些标准，意味着很多相关的基础专利技术汇集在一起，而且能够直接交流探讨技术的知识，因此获得了更好的学习机会。无疑，诺基亚通过不断向这些专利联盟学习，成为全球通信市场中最主要的公司之一，在各个标准的市场中，都达到了领先的市场和技术地位[177]。

共享的知识资源对于实现标准的成功确立扩散具有重要意义。知识的共享不仅可以提高员工解决问题的能力，而且可以实现合作效益。因此，首先要充分形成共享的知识基础；其次要实现知识基础的充分利用和共享。共享的知识基础主要通过三种机制来实现。首先，通过正式扩散机制来进行。新知识通过编码和学习过程转化为合作创新的显性知识和隐性知识，通过正式性组织完成它的扩散和转移过程。其次，通过非正式扩散机制来完成，它与前者具有很大程度的相似性，所不同的就在于知识的扩散和转移是通过非正式组织的交流过程进行的。再者，知识共享过程也可以通过合作创新组织的联结知识来实现，这使得合作创新成员能够通过这些联结知识来查询和使用知识库中的知识存量。共享知识基础的具体实现路径包括以下几种方式：①建立"在线共同体"（Online Community），以加速缄默知识的共享效率；②将信息技术与组织机制、业务流程重组相结合，推动缄默知识向显性知识的转化过程，使知识在共享成本降低的同时拓展其共享范围；③对知识共享进行激励。

当然，由于高新技术转化为技术标准联盟中的企业之间本身就具有一定的竞争关系，出于对各自知识和能力的保护需求，各个企业可能又会限制自己系统的开放性，把合作协议限制在较小的范围内，这就需要联盟各方从长远利益出发，在与伙伴共享专有信息和保留自己专有竞争能力之间求得适当的平衡。

标准化的特点使得在技术标准联盟学习的策略选择上，成员企业的最优选择是：只有主动地对网络的知识学习能力积累做出持续性贡献，才能使自己的学习能力积累收益最大化。成员企业的收益最大化需要以网络的学习能力积累为前提，即必须从促进整个网络价值增加的角度选择自己的学习策略。从网络学习的视角切入，每一个成员企业出于自己的利益考虑，都会自觉地投资于知识学习能力积累，如果能够通过相应的机制对成员企业的知识学习能力积累进行激励，那么，网络的知识学习能力积累水平提高便可以成为现实，从而确保联盟网络的持续优化并实现网络价值的提升。

4. 技术标准联盟学习机制影响因素分析

通过共享的知识资源来促发技术标准联盟的学习过程循环，实现知识创新，促进标准的成功确立扩散，本书认为这个目标在理论上是可能的。如何将这个理论目标转化为现实目标，本书的观点是，从影响学习机制的因素入手，即改善盟员的心智模式，建立有利于联盟学习的结构，增强盟员间的社会资本，实行激励措施制度等。通过这些措施的实施，一是可以激励成员企业的知识学习能力积累，弱化成员企业的机会主义行为动机，促进网络成员之间知识的转移、共享、应用和创新；二是可以协调和整合成员企业的专用知识，促进网络的知识学习能力积累，扩大网络知识资源的存量和增量；三是激励创造性的知识应用和整合，推动网络知识的创新。最终通过技术标准联盟的学习循环达到标准确立扩散的目的。

5. 系统思考的理念

系统思考（System Thinking）是五项修炼的核心，它以系统而非片段的方法来观察分析事物，使人们能够看清隐藏在复杂现象后面的结构，并且能够敏锐观察到属于整体的各个互不相关因素之间的联系，使管理者看清问题的关键。系统思考有利于加强双赢的共同愿景。系统思考的精髓在于转换思考方式，帮助合作双方认清高新技术转化为技术标准的整体变化形态，并了解如何有效地掌握其发展和变化，将人们从看局部到综观整体，从看事件的表面到洞察其变化的结构以及从静态的分析到认识各种因素的相互影响和寻求一种动态的平衡。

运用系统思考的观念来认识技术标准联盟的互动学习过程，是取得良好的互动学习效果的根本前提。在互动学习过程中进行系统思考，就是要从长远的、全局的、系统的、动态的观点来看待联盟组织的互动学习过程，强调学习的过程性和复杂性，并且认识到互动学习机制中各要素之间的有机联系，心智模式、互动学习结构、学习文化、信任关系和学习的知识管理过程这几个要素间相互作用，相互影响，同时，它们又共同支持联盟中知识资源的共享。

6. 良好的学习氛围

良好的学习氛围能够鼓励个人和组织持续的相互学习、相互交流，这是保证联盟伙伴间有效学习的必要微观环境。一般来讲，这种有利于学习的情境创造主要依赖于两个方面。一方面，联盟伙伴必须有坦诚和信赖的态度，通过共同工作，公开交流新思想、新方法、新技能，使各方受益；另一方面，联盟组织的管理者要致力于创造一种学习文化，使联盟各方都能认识到学习对于自身以及联盟组织的重要性，并通过建立一系列跨联盟特定部门的多功能团队，促进形成知识交流和共享的氛围，使得所有联盟成员都能从中学到和获取各种有用知识。

7.4　实现学习机制有效运行的策略

联盟标准化的成功与否取决于联盟学习能力的高低，本书提出的基于知识管理过程的技术标准联盟学习机制，目的在于取得一个持续的相互尊重、相互依赖的学习关系，提高联盟伙伴的学习能力。而要实现学习机制的有效运行，必须实行一定的策略。下面主要从影响学习机制的因素入手探讨实现学习机制有效运行的策略。

7.4.1　改善心智模式

认知能力缺失是企业缺乏创新能力的关键，改变认知能力必须要改善心智模式。心智模式（Mental Model）是指存在于个人和群体中的描述、分析和处理问题的观点、方法和进行决策的依据和准则。它不仅决定着人们如何认知周围世界，而且影响人们如何采取行动。不良的心智模式会妨碍组织学习，而健全的心智模式则有利于组织学习。由于心智模式能影响行为，当周围环境发生改变时，旧的心智模式如不能相应改变，往往会导致行动的失败。

从学习的角度讲，联盟各方改善其原有的心智模式是在联盟情境中实现有效互动学习的基本前提。心智模式影响知识学习的作用机理是：业已形成的思维方式、观念、价值观束缚了人们的思维和行动。在技术标准联盟知识学习过程中，虽然盟员之间的互补性是潜在的、有力的刺激合作的因素，但是，不同的利益、文化和议程（处世方式）意味着盟员合作关系又是复杂且经常是不牢固甚至脆弱的。由于特定组织业已形成的心智模式所导致的组织防御机制，使其在联盟标准化知识学习过程中自觉或不自觉地表现出来，从而导致了心智模式与合作创新事实的不一致。因此，必须改善原有的心智模式，形成共赢的心智模式。

发展有利于组织学习和知识创新的心智模式可以通过多种途径：

（1）培养乐于变革的思维模式。在以知识为重要资本的组织里，知识创造过程需要不断地让员工和管理者改变自己根深蒂固的思维和习惯，思维模式的变革是知识创造过程的一项标志。管理人员们可以通过提醒改变、鼓励改变和要求改变三个步骤来培养员工乐于变革的心智模式[178]。

（2）培养乐于学习的思维习惯。在知识型组织里，充分利用员工的知识是成功进行知识创新的重要因素。不仅需要书本知识的学习，更要让员工形成从实践中、从经验中学习的习惯，重视实践反思性的学习。

（3）培养乐于合作与沟通的思维模式。在知识型组织里，相当多工作的完成是以团队为单位进行的，员工在工作中分工高度专业化，需要具有合作精神和开放的心态才能实现知识共享与知识创造。

7.4.2 建立有利于联盟学习的结构

在联盟条件下，知识交流学习的障碍主要存在于组织机构、管理实践以及评价系统中。如果联盟组织只是告知人们要学会彼此分享知识，而不是在系统上给予支持和鼓励，那么联盟组织的知识交流学习就一定不会成功。为了支持在技术标准联盟中的有效学习，必须构造一个有利于互动学习的结构，这个结构必须能够有利于组织有机联系，保证联盟内知识、信息被有效传递，使知识能够被组织内的员工很好的共享、运用和创新。在技术标准联盟实践中，联盟的目标、技术生命周期及开发阶段、知识及其他资产专用程度等对企业做出判断和选择都有深刻影响，势必对组织结构选择产生影响。此外，还应该设计一个鼓励个人、团队和联盟成员间共同学习的奖励系统，激励员工贡献自己拥有的经验性知识；建立完善的知识积累和处理系统，以便对从联盟内外收集的知识进行记录、归纳、整理和集成。总之，互动学习结构是发挥联盟学习优势必要的组织保证。

1. 建立有利于联盟交流沟通的制度结构

学习过程中有大量的信息需要传播，要求组织建立有效的传播渠道。这就要求搭建信息网络，建立网络成员交流、沟通的共有平台；充分利用信息社会提供的多种信息工具，如互联网、内部网、管理信息系统等方便快捷地进行企业间的动态合作；建立起一个良好的需求信息网络和合作伙伴关系网，使各成员企业能充分及时地进行信息沟通和密切的接触与交流，从而准确地理解与把握相互的需要，建立信任关系。建立有利于联盟交流沟通的制度结构可以从以下几个方面着手：

（1）建立联盟交流的"共同语言"。联盟成员要彼此分享和吸收知识，一个很重要的基础就是要有共同的语言，彼此相互了解对方所做的工作。不同单位、不同的部门有不同的描述工作的方式及分类和记录的标准，这种不同的语言，阻碍了组织与部门之间的沟通；即使他们愿意分享和吸收知识，但是缺乏连接彼此的桥梁。所以，发展共同语言成为联盟交流沟通制度的一部分。

（2）加强技术与市场人员的交流沟通。高新技术转化为技术标准联盟是高科技企业之间的合作，生产的是高科技含量的产品。但任何产品只有取得了顾客的认可，方能实现其价值。厂商与顾客的关系应该是厂商主动向顾客学习关于产品的知识，而这一部分知识又常为企业的市场人员所掌握。高科技企业的技术部门与市场部门之间的文化差异是非常明显的，同时这种文化差异对沟通造成的障碍则更为明显。因此，加强技术与市场人员的交流沟通对早日开发出适应市场需求的基于高新技术标准的商业化产品具有特别重要的意义。

（3）克服文化交流障碍。要在技术标准联盟合作创新中实现"共赢"，还需要克服文化交流障碍。其中最有效的措施是：①在产业与科技人员之间建立直接的接触和网络连接，相互间现场走访和共同参加研究会议，促进相互技术交流；②在合作谈判、签署协议期间，技术管理人员与工作人员建立早期的团队。

2. 建立有利于联盟学习的人才结构

高新技术标准竞争力的提高，各个联盟企业核心能力的加强，只有通过组织中人的学习才能获得。因此，各个企业应通过人力资源政策，加强联盟企业的学习能力。具体措施包括构建支持联盟企业学习的人力资源系统、制定支持联盟企业学习的人力资源政策等。

在联盟中健全组织学习机制，合作各方必须重视在人才结构上保持一定的知识交叉与合理比例，以便为各方之间的顺利沟通提供可能。这是因为，如果合作各方的实力在合作领域不能有效匹配，如人才知识结构失衡、相互交叉不足等，就会妨碍合作各方之间的相互正常对话，从而不利于合作活动的有效开展。

7.4.3　建立有利于联盟学习的激励制度

学习过程不会自动地持续下去，它需要进行适当的激励。知识共享和创新往往是一种不自然的行为，因为分享知识就意味着将自己置于风险之中，而知识创新是以其人力资本为代价的，也要承担风险。因此，要在技术标准联盟中实现知识共享与创新，就需要有适应于知识经济时代的激励机制。除了奖金、福利、职位晋升等一般传统的激励方法外，其特有的激励手段还应包括激励作用更大的产权和知识产权。

建立有利于联盟学习的激励制度包括利用金钱激励、利用奖惩激励、利用参与管理、利用目标管理等许多具体措施。其中最重要的是要制定明确和灵活的学习目标、修订绩效评估标准和制定鼓励学习的奖励制度。明确的学习目标是提高联盟组织学习效率的前提条件。学习目标明确能够使联盟伙伴及其成员在较短的时间内快速地完成联盟组织规定的学习任务，使联盟组织学习具有目的性和针对性，有的放矢，达到事半功倍的功效。目前，在大多数企业的绩效评估标准中，更加注重的是员工的实际产出行为，而对于员工的学习行为以及对组织学习的贡献行为的评估则比较少。这一评估标准的缺陷造成的直接后果就是企业人员对于学习行为的冷漠以及懈怠。长期以来，企业内部人员将更注重短期的既得利益，而对于长期的企业发展则考虑较少。因此，一方面，应该修正绩效评估管理系统，让每个人对组织学习皆有责任；另一方面，精心设计报酬和奖励系统，以提供学习的诱因。因为，绩效评估标准的制定虽然能够从一定程度上影响员工的报酬，但是，对于个别突出的学习行为，仍应该制定单独的奖励制度，以此鼓励员工的技术学习行为，培养员工的学习兴趣。

7.4.4 培育相互信任关系增强联盟间的社会资本

有关研究表明：组织间学习面临的首要问题是组织间的信任问题。因为互相信任是培养组织间学习最主要和最基本的条件之一[179]。一个组织越信赖伙伴，他们的开放度就越高。如果联盟伙伴担心知识泄漏，而不愿意分享知识，则知识联盟难以形成。增加相互依赖关系，特别是相互的信任，可以减少联盟企业的知识保护意识和机会主义的发生，有利于创造出一个信息自由交换的学习环境。

从联盟整体即双方关系来考察，要成功实现互动学习协同，必须要构建以信任为核心的心理耦合机制，这是技术标准联盟成功互动学习的基础。由于各成员企业来自不同的组织，有着不同的背景，在合作过程中会自觉或不自觉地产生习惯性的戒备心理和行为，这种习惯性的戒备心理在动态联盟企业中设置了障碍，所以必须通过充分的沟通，消除习惯性的戒备来建立起信任关系。

信任的产生来源于协作方可信度评价和其成功的协作经验历史，如果网络中的企业没有协作史，其企业形象和企业条件是重要的参考因素。从企业的实践来看，目前提高双方信任度的措施主要包括联盟双方的非正式会晤、联盟协议的明确化以及信任评估制度的建立。

适当的联盟双方非正式会晤将有利于培养合作方的信任关系。不同的组织具备不同的组织风格，因此不同组织成员之间的合作必然受到其所在组织文化价值取向的影响，这种文化价值以及思想观念是多方面因素综合作用的结果。采取适当的联盟双方非正式会晤，有利于扩大双方的思想交流领域及沟通机会，当双方对合作伙伴的文化价值取向有一定程度的认同，对合作企业自身的企业宗旨有一定的理解之后，就意味着联盟双方之间的信任关系有了一定程度的建立。在企业的实践中，这种通过非正式会晤的方式培养双方信任关系的方法屡试不爽。

联盟协议的明确化也是有利于增强彼此信任关系的有效方式。通过联盟协议的详细制定，给予合作双方行为一定的法律约束力，则有利于增强联盟双方自身的安全感，从而在合作中能够对对方的技术学习行为加以一定的配合，有利于提高双方的技术学习效果。

一旦企业彼此理解和信任，就能开始建立一个具有共同的愿景、战略、结构和行为规则的网络。共同的愿景和战略在高度专业化和自主化的网络中是重要的协调机制。实际上，这些协调机制不会自动出现，需要在机制的发展过程中有人领导。

7.4.5 确立系统思考的理念

技术标准联盟知识学习中系统思考的思想强调以下两个

方面：

（1）学习的过程以及学习的知识都要有一个反馈的过程，通过反馈，强化、整合、完善知识结构，从而进一步提高学习效率。

（2）合作双方共同讨论和决定技术标准联盟的目前以及未来愿景，通过双方共同努力和协同学习来实现标准确立扩散的共同目标，以克服合作过程中的机会主义，减少高新技术转化为技术标准不确定性和失败的风险。

7.4.6　培育良好的学习氛围

建立一个有效学习机制的前提是培育良好的学习氛围。良好的学习氛围是由各企业内学习性的企业文化和企业间相互信任的关系共同支持的。学习文化是企业持续学习机制中的核心。组织文化（信仰、意识形态、价值和规范）能够决定学习的积极性与学习的质量，可以减少组织中信息沟通和转换的成本，有利于知识的创造和共享。因此，营造有利于学习的文化氛围对组织创新是必要的。而对于学习氛围的营建来说，可以从以下两个方面着手：

（1）建立支持知识交流的文化环境。员工所处的文化环境决定了知识交流是否畅通。这首先要求组织领导身体力行，与员工进行坦诚交流，消除沟通的障碍。组织文化往往被组织领导的行为、价值观所影响。在许多企业中，员工在组织领导面前总是感受到压抑与苦闷，从而把自己的真实想法隐藏起来。因此，领导要主动带头来鼓励组织中的知识交流，建立共同愿景，增强组织凝聚力，破除交往中的习惯性防卫。这里可以通过一些技术手段实现，如召开动员大会、建立企业内部员工交流网络等。

（2）形成目标一致的团队文化。技术标准联盟实际是由各个团队组成的，他们以研制推广技术标准为目的，合作是参与各方共同的义务，因而要求形成目标一致的团队文化。团队文化不是以牺牲合作伙伴的利益来服从整体目标，而是应用并行工程技术，系统地考虑局部目标与整体目标的关系，并在项目研制中通过随时协调、沟通，达到局部目标和整体目标的一致。因此，团队意识要在选择伙伴时充分利用网络中足够的信息，选择信誉好、拥有核心技术、具有良好合作意愿的成员企业；在项目实施过程中要充分沟通信息、加强协调，促进团队文化的形成。

实现学习机制有效运行是一项复杂的系统工程，需要很多的条件和基础，本书仅是从高新技术转化为技术标准联盟学习机制的几个主要影响因素入手，提出一些实现有效学习机制的策略。实现学习机制有效运行的策略还有很多，还需要在实践运行中不断总结经验教训，不断发展完善。

7.5　本章小结

本章以彼得·圣吉的五项修炼为分析基础，根据学习型组织理论，结合联盟标准化过程的特殊性，概括出高新技术转化为技术标准联盟学习机制的关键要素：联盟标准确立扩散、技术标准联盟学习机制影响因素、共享的知识资源、知识管理视角的技术标准联盟学习过程、系统思考和学习的氛围。从知识管理视角研究技术标准联盟学习过程，把联盟标准化的过程总结为：知识获取—知识共享—知识整合—知识创新—形成标准；然后技术标准联盟学习机制模型为：在知识资源共享的平台上，在学习机制影响因素的作用下，通过知识管理视角的技术标准联盟学习过程，实现联盟标准的确立扩散。实现学习机制有效运行的策略，具体包括改善心智模式、建立有利于联盟学习的结构、建立有利于联盟学习的激励制度、培育相互信任关系增强联盟间的社会资本、确立系统思考的理念、培育良好的学习氛围。

第8章 高新技术转化为技术标准联盟竞争策略

在传统经济领域，市场竞争经历了两种态势：由产品竞争发展为品牌竞争。但是在高新技术领域，市场竞争又出现了新的态势——标准竞争。标准竞争比产品竞争、品牌竞争更加复杂，标准竞争宣告了一个新时代的开始。标准竞争阶段企业围绕标准的设立和创新在标准平台上竞争，通过掌握标准来拥有垄断力量；竞争的核心是标准，竞争的手段是建立标准、控制标准。

技术标准的产生并不简单地出自于技术先进性或技术效率优劣的比较。对于网络效应显著的产业而言，是否已经积累了大量的用户安装基础也是某种技术范式能否上升为产业技术标准的决定因素。用户安装基础包括既有用户和预期用户两个部分，它们又进一步受到技术标准的兼容性和技术产品的价格水平等因素的影响。实际上，用户在确定采用哪一个技术标准产品的现实决策过程中，会从相关技术成熟性、技术采用风险成本等多维度进行考虑，其中诸如标准支持设备厂家数量、世界范围内采用程度、系统设备和终端的多厂家供货环境以及知识产权（IPR）费用等因素都可能影响用户对相关标准的采用决策。这就要求高新技术转化为技术标准联盟实行一定的竞争策略。根据第3章高新技术转化为技术标准潜力及策略分析的界定，本书主要是对我国实施基于自主研发的主导型标准化策略下的竞争策略进行研究。本书认为高新技术转化为技术标准联盟的竞争策略主要包括快速反应策略、知识产权策略（包括标准形成过程中和扩散中的知识产权策略）和标准营销策略（包括定价、渠道、促销、品牌、预期管理和锁定策略）。

8.1　快速反应策略

无论标准间的竞争还是标准内的竞争，标准商用产品的先动优势都至关重要。由于高新技术创新节奏的加快，标准的生命周期逐渐缩短。因此，标准形成速度越快，标准的实现和扩散越快，在市场上获得的经济利益就越多。先发制人的道理很简单：先一步出发，这样正反馈就会对本企业有利，对竞争对手不利。同样的原理也适用于需要从实践中学习的市场：首先获得重要经验的公司可以降低成本，从而得到更大的优势。不管怎样，成功的诀窍就是要利用正反馈。在从实践中学习的过程中，正反馈可以通过较低的成本获得。在网络效应的作用下，正反馈来自需求方；领先者提供更有价值的产品和服务。

快速反应策略是最常用也是最有效的策略。由于存在正的网络外部性，先行者具有先动优势。消费者对先行者产生一定的偏好，市场也随之会向先行者偏向，而正的网络外部性的作用会加速这种偏向作用，最终先行者的技术会成为事实上的标准。比如，在移动通信的 2G 时代，日本和欧洲都形成了自己标准。然而，日本的 PDC 标准形成比欧洲的 GSM 晚了一年时间。就是这仅仅一年的时间却使得欧洲的 GSM 获得了后来市场的占先优势，最终使 GSM 实现了成功的全球扩散。而日本的 PDC 却被限制在其国内，失去了全球竞争的机会。

在网络经济中，实行快速反应策略，在市场中成为首发者就可以同时产生产品差异和成本优势。关键是通过建立用户安装基础把时间上的优势转换为更持久的优势。为了取得先动优势，有以下几种策略可以选择：

8.1.1 率先推出商用产品进入市场

技术标准要遵循市场经济规律，创新成果应以市场为导向。由于高新技术创新是以潜在的用户为突破口，在技术创新过程中就存在对产品主导设计的预测问题，也就是存在技术选择问题。产品主导设计是指赢得市场信赖的一种设计，它包含了多层次使用者对某种特定产品的需求。企业可以通过领先用户的产品主导设计去发现满足潜在市场的需求，从而进行技术选择，以潜在市场需求为导向进行创新，获得先发优势[180]。产品开发和设计技能可能对获取先发优势非常重要。首先获取重要经验的公司可以降低成本，从而获得更大的优势。但是先发型也有缺点：早期的介入可能会造成质量上的妥协和更多的故障，这两种情况都会毁掉产品的市场前途。胜利属于捷足先登者，但是速度应该来自于研究开发，而不是将一种劣质系统推向市场。

8.1.2 早期积极地建立用户安装基础

除了将产品早一些推向市场以外，还需要在早期积极的建立用户安装基础。要找到那些最渴望尝试新技术的人（发烧友），迅速占领这个市场。低于成本的定价是建立用户基础的一个常用策略。在标准战争中，以折扣吸引大的、引人注目的或具有影响力的顾客是最常用最有效的，并且几乎是不可避免的。在一些情况下，尤其是对边际成本为零的软件，可以比免费样品更进一步，甚至向使用产品的顾客付钱。在高新技术标准竞争中，只要有足够多的收入来回收成本，零价格并不是一件特别的事。

8.1.3　抢先进入新兴的空白市场

在新技术的早期阶段，产品创新中不同的技术路线之间会存在相互竞争。任何一个技术方案都有可能成为技术标准，建立起技术标准壁垒以获得胜利。在两种技术标准之争没有决定最终胜负时，还需要关注其他区域的空白市场。通过抢占空白市场，来获得在空白市场上的先发优势。这样，即使技术没有在现有市场上获得优势，也可以通过在空白市场上获得优势，扩大在全球市场上的占有率。如国外计算机生产商来中国开拓市场时，是由IBM、COMPAQ 等公司利用 Wintel 标准的计算机体系来开拓中国市场，最终 Wintel 标准的计算机几乎完全占据了中国市场，而Apple 则失去了在中国市场积聚力量进行反击的机会。同样，SONY由于没有开拓中国新兴的录像机市场，最终也失去了收回BETA - MAX 系统投资的机会；而且由于 VCD 市场的兴起，SONY永远地失去了利用 BETA - MAX 系统获得先发优势的机会。另外，如果某个公司在中国计算机市场启动时，以某种新排列方式（如 DVORAK）的键盘来开拓中国市场，并在中国市场上形成垄断地位，则如今每年近千万台计算机所配套的键盘销售，足以使该公司获取厚利。一个较大的空白市场上的垄断地位，可以让一个处于技术劣势地位的技术标准具有较好的发展前景[36]。

8.1.4　预见到下一代技术抢先行动

如果采用先发制人的策略在某一代的技术中取得了胜利，在对待下一代技术时可能会特别脆弱。先走一步意味着技术上的让步，给竞争对手实施不兼容的革命策略留下了空间。苹果公司是个人数字助手市场的先驱，但是美国机器人公司完善了这一创意。用先进的技术优点吸引到有实力的顾客，对付原来的市场占先者是很有效的。

问题的关键是预见到下一代的技术，并且抢先行动，从各个方面警惕可能到来的威胁。顾客不会转移到一个新的、不兼容的技术，除非这种技术提供了真正非同凡响的功能。可以充分利用这一点。微软就是利用这种策略的大师，它的所谓"吸星大法"就是模仿新技术的特征，并把它们融入自己的旗舰产品中。要避免被自己的成功冻结。如果过分拘泥于提供向后兼容以讨好顾客，就为新进入者采用革命的策略打开了方便之门。因此，产品一定要为顾客提供一条顺利的转移通道，通向不断改善的技术，永远靠近时代的前沿。从而使得标准不断更新，不断保持先发优势。

8.2　知识产权策略

自 20 世纪 90 年代以来，专利数量的迅速增长以及专利技术产业化速度的不断加快，使专利与技术标准开始从分离走向结合，出现了引人注目的技术标准专利化趋势。特别是在高新技术领域制定技术标准时，技术标准总是来源于最具创新性的技术。

随着知识产权保护意识的增强，处于技术前沿的研究成果往往申请了专利保护，因此制定标准时往往没有现成的公知技术可以采用，这样，技术标准要想反映技术发展的新要求，就必然要包含相关专利技术的内容。因此，专利技术与技术标准相结合具有必然性。

技术标准专利化趋势带来的一个重要问题是，如何处理技术标准的开放性要求与知识产权保护之间的矛盾。一般而言，知识产权保护制度具有合理性，既体现了公平的原则，也有利于技术创新。在专利技术标准化的过程中，知识产权制度具有合理性，所以，应该适当保护标准涉及的专利所有者的利益。当然按照WTO/TBT协议等有关国际经济规则，为了促进市场的均衡发展和规则的公平，也要防止出现标准和标准中的专利成为某些企业推行产业控制、实现市场垄断的倾向。

技术标准与专利的结合对于知识产权的所有者具有重大的战略价值。一是拥有更大的谈判优势。当被"锁定"的技术标准用户没有其他选择时，知识产权的所有者就可以索取更高的价格，也可以要求标准用户用其拥有的专利技术进行交换，从而获得一般情况下很难或者不可能得到的技术。二是可以获得一种新的市场优势。既可以对许可证发放增设附加条件，也可以通过许可证的限量发放，以阻止大多数企业进入市场，从而减轻市场的竞争压力（李再扬等，2003）[159]。

但对知识产权过度保护，不利于技术标准的推广。技术标准推广不利，不能成为行业内事实标准，反而影响到技术标准联盟的战略目标。而且从技术标准使用者的角度看，对一种技术标准的需求包括两个方面，一是对其中专利技术的需求，二是对技术标准本身的需求。如果将这两种需求都作为对专利的需求，那么技术标准中的知识产权就存在过度保护现象。因此，制定合理的、有利于联盟战略目标实现的知识产权政策是非常重要的。知识产权包括专利权、商标权和版权，其中最重要的是专利权。联盟应设立专门的管理知识产权的机构，依据明确制定的知识产权管理策略、办法、流程进行知识产权的管理。

8.2.1　联盟标准形成过程中的知识产权策略

由于建立在必要 IPR 基础上的技术标准联盟是解决标准与IPR 冲突的有效途径，所以，自主知识产权是参与技术标准联盟最重要的谈判筹码，不仅影响企业在标准形成中的地位，而且也决定了企业使用标准的成本。技术标准联盟核心成员为了使得标准技术优势更突出，更容易取得顾客认可，通常会在标准形成过程中核心成员内部制定详细的知识产权策略，主要有以下几种具体策略。

1. 专利交叉许可策略

专利，尤其是必要专利，是形成标准的根本性基础。因此，很大程度上专利是标准形成过程中博弈者之间协商谈判、讨价还价的底牌。谁拥有和控制的专利越多，谁就更容易影响控制标准未来形成的走向。那么，拥有专利者究竟应该垄断还是许可其专利权呢？从经济学角度讲，拥有者通过专利交叉许可、专利池等专利联合、联营许可方式，与业界分享知识产权成果，能够实现其效用最大化。而垄断经济学的"铜锌寡占"理论正是专利联合许可的经济学基础。

"铜锌寡占"理论也叫"古诺假定",是垄断经济学中的一个重要理论。该理论认为:如果两种绝对的垄断相互补,那么其中一种垄断如不借助于另一种垄断,就不能有效利用它的产品,也就无法决定产品的价格将定于何处。例如,在制造黄铜产品的过程中,红铜和锌是必备。如果假定 A 方拥有黄铜的一切供给来源,而 B 拥有锌的一切供给来源。那么,单纯作为生产商的 C 是无法事先决定究竟生产多少黄铜产品的。因为黄铜的产量取决于红铜和锌的供给量,因而,C 也就无法决定其销售价格。同时,作为垄断供应者的 A 和 B,也无法左右最终产品黄铜的产量。因为假如仅仅 A 想获取利润而擅自提高红铜的售价或消减红铜的供给量,那么无论 B 供应锌的价格多么低廉,供给量有多大,黄铜的产量都受到红铜供给量和价格的限制;反之亦然。

以上说明了两个问题,一是生产商 C 受制于原料垄断者 A 或 B 中的任一个;二是处于垄断供给地位的 A 和 B 只有在达成默契的情况下才能保证利益的最大化。

在标准形成过程中,可能需要许多核心专利技术或必要专利,这些专利权人就是上述例子中的 A 和 B,技术标准联盟的管理机构或者其他想要形成技术标准的机构,就相当于上述例子中的 C,要想形成技术标准就必须获得所有专利权人的专利授权。在此,只有所有的核心专利权人都进行专利许可,技术标准才能形成,才能保证利益的最大化。因此,专利权人之间必须通过一种方式甚至机制或制度,实现专利许可。此时,专利池(Patent Pool)、专利联营等方式应运而生[181][182]。

当然,IPR 不仅在于量,还在于质。比如,在 GSM 联盟中,尽管西门子的 IPR 数量有限,但同样获得了标准形成过程交叉许可的免费技术专利，其重要原因之一是其具有别人没有的交换平台方面的优势。

对于加入技术标准联盟的企业来说，交叉许可减少了市场风险，而对于无法获得许可的企业来说，就成为一种市场进入壁垒。即使是像 GSM 这样开放程度相对较高的标准，也主要是对拥有 IPR 的各方完全开放，缺乏 IPR 交叉许可的外部企业只能付出高昂的技术使用成本。体现了标准的俱乐部产品特性，即只有具有必要专利的企业才有资格获得专利交叉许可，来执行和实现标准。那些俱乐部之外的企业要想获得全部的专利许可要花费高昂的代价。因此，只有加强 IPR 的开发，才能在技术标准的制定中有更多的发言权。

2. 专利共享策略

技术标准与专利的捆绑，是当今世界技术标准发展的重要趋势。在信息技术领域，近年来许多企业纷纷选择加入技术标准联盟这一"事实标准"形式，在行业内构建起技术壁垒。从表面上来看，专利共享是为了让更多的开发者在一个资源共享的平台之上加快创新。实际上，专利共享已经发展成为了技术标准联盟的前身，并为这些企业将来建立和推进行业标准打下坚实的基础。

比如在 IBM 的专利共享计划中，当业界厂商忙不迭地投身到专利共享计划中来时，IBM 精心策划的专利开放的第二层目的便凸现出来：借助专利共享这个平台，推动 IBM 基础专利在业内的应用，减少业内企业与自己的整个标准体系对接所需的基础研究，减少对接障碍，缩短对接时间。

3. 专利抢注策略

　　要建标准，就必须有大量的专利做依托，而专利的积累是在技术研发创新的基础上实现的，但中国绝大多数企业根本做不到这点。因此，要在专利可行性分析的基础上，在标准草案起草完毕之前迅速申请一批专利，即"突击申请专利"。由于专利的授权需要一定的时间，而在制定标准时专利不一定非是获得授权的，只要专利的申请日在标准草案提交日之前，就不会对将来技术标准的全球技术许可战略影响太大。在历史上，即使像摩托罗拉这样的大跨国公司也曾采取过专利抢注策略。比如，在 GSM 标准的形成早期，当欧洲运营商致力于标准的制定，而没有及时把 GSM 选中的技术及时申请为专利时，摩托罗拉却加强专利活动，在标准开发的早期抢注了大量专利，很多后来成为 GSM 的核心专利，奠定了其以后影响 GSM 市场格局的地位。

　　同时，向别国申请专利在现代技术标准建设中也非常重要。专利的地域性使得在一国获得的专利授权在任何另一国不受到保护，必须再次申请，而且一旦间隔的时间超过优先权期限，就会因为丧失专利法上规定的新颖性，无法在别国获得专利权。

　　此外，在标准形成阶段应该解决的问题还包括对标准性质的定位、知识产权信息披露政策、知识产权管理组织的定位和标准许可策略的定位等，这一阶段是宏观政策策略和微观操作策略相结合的重要阶段。

8.2.2 联盟标准扩散过程中的知识产权策略

1. 标准扩散中开放策略与控制策略的有机结合

（1）标准扩散的控制策略

当标准设定者强大到足以独家控制产品的标准和界面时，有时会在某个阶段对标准实行控制策略。其通常是市场的领导者，比如 Intel、微软等。但控制策略的目的不是向使用者完全封闭自己的标准，而是通过该策略使得自己的技术不被别人模仿，以保持技术的领先地位。控制往往是针对竞争对手的，而非互补者。比如微软对其源代码的控制有效地防止了竞争对手的模仿，然而也使得应用程序开发者无法开发更先进的互补产品，因此微软不得不有选择地向用户开放其源代码。

（2）标准扩散的开放策略

当不足以强大到能够垄断技术标准时，标准开放的策略极为关键，其基本思想是放弃对技术的控制。专利开放策略的灵魂在于，通过开放和共享产业的基础技术，促进和提升关键技术的进一步创新；通过技术共享，减少其他相关企业与整个标准体系对接所需的基础研究、减少对接障碍，使更多的企业热衷于对基于这些技术标准专利之上的创新；同时，联盟自身基于这些基础性的创新技术专利，在未来的某个时间内将会获得更多专利许可的机会，从而为企业创造更大的利益空间[183]。

开放性既是技术标准的本质属性要求，也是决定技术标准竞争优势的基本因素。一般来说，通过市场竞争脱颖而出的技术标准都具有很高的开放度。标准的广泛开放性决定了其具有很强的技术包容性，从而相比其他标准更容易得到推广使用。技术标准的开放性对全球技术标准的形成也具有重要的意义。开放度高的技术标准更容易扩大技术标准联盟的范围，增加联盟的竞争优势。许多联盟往往结合免费的或者优惠的知识产权许可推广自己的技术标准，甚至自己提供免费资源、培训来帮助技术采用者使用自己的技术。

事实上，在专利开放的基础上，可以从两条途径获利。首先，在专利开放的平台上企业可以建立并销售其个性化的产品和服务，即依托硬件销售、咨询和服务间接获得回报。其次，通过出售装有开放性标准的主设备，推动其配套产品和相关服务的销售。

（3）开放策略与控制策略的权衡

开放策略会对事实标准的形成产生重要影响。例如，Microsoft 公司在创立之初，免费为 PC 机装配 DOS 操作系统，因而大多数 PC 机都选择了 MS－DOS 操作系统。如果企业过于倚重专利武器抑制竞争，忽视了标准的开放性，可能会丧失市场地位。例如，最能发挥 Pentium4 处理器性能的 Rumbus 内存，从 Pentium4 问世起，就作为 Intel 公司的首选内存，但由于其昂贵的专利授权费用，使生产厂商应者寥寥，同时其昂贵的价格，也使市场反应很平淡，最终 Rumbus 内存被廉价的 DDR 内存取代，也被 Intel 抛弃。

但是，标准的开放性对于其主导企业来说也存在着一些问题，开放的同时意味着市场竞争的加剧，也给其技术带来失控的风险。因此，技术的开放需要企业的决策者具有非凡的战略洞察力。例如，IBM 的 PC 业主导地位早已失去，逐渐从其中淡出。

又如，Sun 在工作站市场占优势地位，为了扩大产品的影响，为其开发的 Java 系统可以免费从 Sun 的网站上下载，这在扩大了 Java 影响的同时，也带来了负面的影响，Microsoft 就利用免费获得的技术开发出了自己的 Java 版本，给 Sun 造成了一定的损害，最后 Sun 不得不诉诸法律。在现实中，联盟要对技术标准的开放度和预期竞争程度权衡考虑[184]。

在技术标准专利化条件下，提高技术标准开放度的主要途径就是组建尽可能广泛的基于专利交叉许可的专利联盟。尽管目前中国正在制定的一些技术标准也相当重视扩大专利联盟的组成范围，但是与发达国家的技术标准，如欧洲主导的标准相比，中国技术标准在开放程度上的差距还很明显。因此，要进一步利用中国的市场优势，大力吸引以跨国公司为主的外国企业加入由中国企业主导的专利联盟，不断提高中国技术标准的开放程度[185]。

2. 同时设几个"专利池"，采用不同的专利许可策略

对于一个高新技术标准联盟来说，根据其技术标准体系，可以同时设几个"专利池"，即可以将涉及基础协议、基础应用和智能应用等专利分别形成若干专利池。对不同的专利池，对外采用不同的专利许可策略。

3. 商标策略

商标策略是企业将商标作为重要的无形资产，通过正确选择商标和进行商标注册，建立技术标准品牌，参与市场竞争，提高标准产品在市场上的信誉和份额的整体性策划。商标作为企业独创性的智力劳动成果，是重要的 IPR，也是企业开拓市场、参与

竞争的重要工具。商标品牌输出可以达到多方面的效果，一是通过品牌的利用扩大品牌影响力；二是可以利用自己的品牌对抗甚至消灭竞争对手的品牌，占领市场；三是通过名牌引导和促进消费，获得可观的利润。具体来说，联盟可以申请独有的标识，通过严格测试验证，要求对声明符合技术标准的产品加以标识，形成品牌。联盟负责对品牌进行宣传、维护和建设。这种基于证明商标的标识战略对技术标准的扩散更有利。所谓证明是指由对某种商品或者服务具有检测和监督能力的组织所控制，而由其以外的人使用在商品或服务上，用以证明该商品或服务的原产地、原料、制造方法、质量、精确度或其他特定品质的商品商标或服务商标。因为商标权产生的成本比专利权要小得多，但其许可收益比专利权更容易获得，所以，通过专利和商标的捆绑许可，能够扩大技术标准的扩散力度，并获得更多的经济效益（中华人民共和国《集体商标、证明商标注册管理办法》第 2 条 2 款）。

　　在工业经济时代，企业是先有产品而后有标准，到了知识经济和信息经济时代，情况变成是产品未动标准先行。所以，从研发初始就要有专利战略与技术标准战略的介入。国内企业要成功，必须从标准做起。掌握了标准，就掌握了研究开发的先机，而且由于自己拥有并熟悉核心技术，对于千变万化的市场需求，也能做出快速、灵活、高效的反应。同时，由于自己拥有部分核心专利，就避免了因交付高额的专利提成费而提高产品成本，在这种情况下，即使在技术中涉及其他公司的专利，也可以通过交叉专利许可，进行优势互补，降低专利付费门槛。国外大公司的做法是：首先通过分析，把握行业技术发展及技术标准形成方向，使企业研发方向与之一致。然后利用各种信息渠道，分析技术发展中的知识产权状况，使企业的专利工作、标准化工作与研发同步。这是值得国内企业借鉴的。

对于尚处于发展阶段的我国高新技术转化为技术标准联盟，其知识产权策略应以共赢为基调，做到既保护知识产权人的利益，同时又利于联盟的壮大和技术标准的推广。

8.3 标准营销策略

标准之间的竞争很大程度上是对安装基础的争夺。产品的用户基础规模在一定层面上反映了消费者对于该技术（技术标准）的认同感和满意度，用户的满意是整个产业价值链良性循环的关键。只有用户满意，才能形成强大的用户基础规模，用户才会为所使用的服务支付相应的货币，整个产业生态系统才能形成"多赢"的局面，凸现技术标准的网络外部性价值。因此，在技术标准竞争中，快速地建立大量的安装基础是至关重要的。Melissa Schilling 认为技术安装基础的大小和互补品的可用性是取得标准胜利最重要的因素，指出企业可以通过推销、联盟和市场战略来对安装基础和互补品的可用性施加影响[186]。Jaworski 认为一个企业可以用现代的方法前瞻性地构建其市场基础[187]。而 Roberts 更是明确表示，运用先进的营销活动，企业更有可能影响和塑造企业赖以生存的环境——顾客基础[188]。从以上学者的研究结论中可以看出，企业可以进行有目的的营销活动，从而改变企业的顾客基础，最大化顾客资产，实现顾客的最佳终生价值。

从竞争主体的角度而言，最重要的就是在标准形成实现阶段争取到足够的"先发优势"；在标准的扩散阶段进行有目的的营销活动，进一步扩大安装基础；同时努力争取政府和联盟的支持。本节主要从标准营销的角度研究其市场推广策略。紧密围绕客户这一要素，联盟主体不仅需要有效灵活地运用价格、渠道、促销和品牌等四大传统营销策略，更需要广泛运用在网络经济中起重要作用的预期管理和锁定策略，将这些策略贯穿于一体，形成技术标准推广的营销策略组合，共同推进联盟标准的成功确立扩散。

8.3.1 定价策略

为了扩大安装基础，需要对产品的定价进行设计，以促使顾客投资于企业的技术和标准，提高他们的转移成本。为了指导在新顾客中的促销投资和对技术标准系统不同部分的定价，必须把每个锁定顾客当做一个有价值的资产。只有这样才能决定应该投入多少来吸引新顾客。公开的长期低价格承诺，是使潜在的购买者确信购买某种技术标准的产品而长期获益的另一种策略。

1. 渗透定价

低于成本的定价是建立用户基础的一个常用策略。在标准战争中，以折扣吸引大的、引人注目的或具有影响力的顾客是最常用最有效的，并且几乎是不可避免的。

网络经济中最常见的渗透定价当属免费赠送策略。一个经典的例子是网景公司（Netscape）将其唯一产品的前四千万免费赠送出去。免费赠送产品是一种重要的主流化策略，其过程可以简单概括为低价销售产品，取得最大化市场份额，产品成为市场主流，从而锁定用户群，再通过产品升级、相关服务收费或收取会员费等形式来取得利润。

负价格策略是指比免费样品更进一步，向使用产品的顾客付钱的策略。在一些情况下，尤其是对边际成本为零的软件，为了扩大安装基础会使用负价格策略。只要有足够多的收入来回收成本，负价格并不是一件特别的事。负价格最大的危险就是有人会接受"使用"产品的报酬，但是却从来不真正地去使用它。在使用免费策略或向使用者支付费用前，需要注意两个问题。第一，如果向人们付钱让他们使用产品，要确保他们会使用它，并对其他付钱的顾客产生网络效应。第二，建立一个自己的用户基础需要多少钱？抵消费用的收入流在哪里？

如果采用开放的策略，渗透价格可能会非常难以实施。因为一个网络的拥有者或发起者可以寄希望于在控制一种占领市场的技术后收回渗透定价带来的损失。但是标准如果是开放的，没有一个供应商愿意做出必要的投资，通过渗透价格来抢占市场。正是由于这个原因，一个采用控制策略的公司与一个采用开放定价的公司竞争时，渗透定价尤为有用，这是典型的网络外部性内部化问题。在标准战争中，能够从相关产品中获得最大利润流的参与者获胜把握更大。

2. 差别定价

已经拥有很大的用户安装基础之后，保持增长的方法就是提供折扣，以吸引其余的顾客，也就是使用差别定价策略。因为这些其余的顾客已经显示对产品支付意愿较低。实行差别定价时需要注意以下两个问题。首先，对已经占领市场的产品进行打折可能会与标准战争中的渗透定价冲突。其次，如果总是在产品占领市场之后打折，顾客就会学会等待。关键的问题是：是否能在扩展市场的同时不影响来自传统顾客的利润。

解决此问题的方法之一就是将产品出租，而不是出售。另一种办法是推动技术的迅速变化升级。如果产品在两年到三年就过时，老的版本对新产品销售不会造成很大的影响。正是这一点刺激像英特尔这样的公司不断加快其芯片的研发速度。在软件行业也是一样，即使某类产品的统治者也必须改进其程序，以产生稳定的收入流。

8.3.2　渠道策略

渠道策略就是要积极利用各种渠道推广标准，扩大标准的影响范围。具体来说要利用好以下渠道方式。第一，积极参加全球各地有规模的、本领域的展览会，通过展示技术理念、发表演讲、组织研讨会，进行市场推广；第二，积极参加业界相关组织及团体的会议，利用各种机会进行推广；第三，积极参加主要成员的相关市场活动，借助主要成员的市场活动推广自己。例如，举行新产品发布会、参加科技博览会等。渠道策略的目的就是通过各种渠道推广标准，扩大标准的影响，占领更大的市场份额。

8.3.3　促销策略

针对有影响的顾客大力进行促销是一种非常有效的、建立顾客安装基础的方法。决定应该投资多少来获取一名有影响的顾客时，很重要的一点就是要对这种投资可能产生的利益进行量化。顾客"影响"的关键衡量指标既不是现金，也不是收入，甚至不是知名度。衡量一名顾客"影响"的恰当指标是使这名顾客购买你的产品而产生的别的顾客的总销售毛利。大公司的影响力可能非常大，因为它会要求别人使用它坚持使用的标准，从而有助于建立或推广产品标准。在高新技术中，展示效应是非常重要的，它体现了受人推崇的用户公开或不公开的认同。正如广受推崇的医院可以领导一种医学步骤的商业化一样，一家领导潮流的高科技信息服务公司也可以通过使用和认同来促使别人采用新的技术。在营销策略中的一个很大的部分就是让名气大的公司采用这种产品。

利用"人工"忠诚顾客计划和积累折扣可以直接控制购买者的转移成本，锁定顾客。这种计划的关键是只有保持忠诚才能得到对过去忠诚的回报。通常，这是通过两种方式做到的。首先，这些顾客可能被给予优先待遇；其次，过去购买量很大的顾客在购买更多的产品或服务时可以得到附加的分数。这两种方式都牵涉到对过去积累大量使用的顾客的特别待遇。随着顾客发现自己更换品牌时放弃常客优惠所带来的转移成本越来越大，这些人工的忠诚顾客计划有可能把越来越多的传统市场转变为锁定市场。

在早期的市场推广中，还可以考虑采用基于优惠或免费的捆绑销售模式进行市场促销活动。

8.3.4 提高自身品牌质量和声誉

如果某种技术具有更好的质量与声誉，那么在竞争中将会使自身技术的临界点减小，使自身更容易获得网络效应的正反馈。与此同时，品牌的质量和声誉是企业宝贵的无形资产，具有知名品牌和良好声誉的厂商可以获得用户忠诚度以及增强产品差异化，从而影响消费者技术选择，并且在网络外部性明显的市场中，更会影响互补产品提供商的技术选择。

建立自己良好的品牌和声誉也是一种长期而有效的预期管理方法，在标准竞争中仅仅拥有良好的产品是不够的，消费者能否相信该产品会得到流行并已建立起足够的产品网络有时更为关键，巨大的品牌和声誉有时能对信心的建立起到很好的作用。

8.3.5 预期管理

在标准竞争中，消费者的预期是十分重要的，企业不仅要有好的技术，而且要让消费者相信该企业一定会在标准战争中脱颖而出，消费者不会因为使用该企业的产品而在将来承担转移成本。特别是对预设性标准来说，预期用户直接决定着标准的成功与否。在网络效应明显的市场上，互补品生产商总是希望为网络规模大的核心产品提供配套，因此，关于核心产品网络规模的预期是其重要决策因素之一。

由于每一个消费者从使用某种具有网络外部性的产品/技术中所获得的效用取决于同一产品/技术的消费者人数的多少，因此，消费者对于网络产品最终市场规模的大小非常重视。然而，消费者往往必须在网络产品达到最终的市场规模之前进行购买决策。由于市场中存在大量的不确定性，消费者和厂商本身都不可能知道网络产品的最终市场规模；同时由于信息不对称的存在，消费者通常很难了解到市场中网络产品的真实规模，即对现有的市场用户总量不一定能够得到确切的数字。在这种情况下，消费者只能凭借预期，估计该产品最终所拥有的用户规模。

市场预期是消费者在决定是否购买时所要考虑的一个重要因素，主要包括以下几个方面：一是对市场需求规模的预期，即消费者对产品和技术受欢迎的程度、产品网络的大小、产品的效用和价值等方面做出的预测和判断；二是对转换成本大小的预期，消费者在购买和使用某项技术/产品前，对面临的各种不确定因素、可能被锁定于某技术的支付进行估算；三是对市场竞争中谁将是最后胜出者的预期，消费者担心加入萎缩网络而只能获得较小的效用和价值或不得不转换而付出的成本。

高新技术产品更新换代很快，一个理性的用户在选择加入哪种网络或者选择哪种核心产品时，必然会对其网络规模的增长前景和辅助的互补产品的可获得性、价格水平与质量进行预期。尤其是当市场中存在多种技术体系的竞争时，消费者预期对于技术标准竞争的结果具有重要影响。例如，若消费者一旦预期某种技术将得到广泛应用，就会对其进行大量的专用性资产投资；同样，消费者可能会对某种产品未来的网络规模、辅助产品供应、更新等问题进行预期，只有在预期比较理想时，他们才会决定购买这种技术或产品。

预期是使顾客决定是否购买的关键因素，所以企业要尽最大努力来管理预期。在技术标准市场中，预期是网络效应驱动的重要手段，信心孕育着成功。因为自我实现的预期是网络经济中正反馈和主流化效应的特征，被预期成为标准的产品将成为标准。常用的预期管理策略有以下几种：

1. 组建联盟

影响消费者预期的最直接方式是组建联盟。联盟不仅可以直接扩大标准的安装基础，而且联盟的事实也可以对消费者的预期产生巨大的影响，技术标准合作联盟中的成员越多，尤其是行业中的重要厂商加盟，将使消费者预期越有利于该标准。因为在网络外部性明显的高新技术产业，一旦某个联盟，特别是拥有一些跨国大企业的联盟宣布支持某个标准，可以在市场上形成巨大的预期效应，消费者为保护自己的利益会加大选择联盟标准的概率。如 Andriew Lin（2003）在分析 Bluetooth 标准如何确立时认为，企业之间成立的技术标准联盟可以通过联盟的影响力影响消费者预期，并最终促使联盟标准成为事实标准[189]。同时，标准的竞争将是全球的竞争，加强与国外统一标准阵营的企业合作也将有助于该标准被国际市场所采纳，从而影响国内消费者的市场预期。

2. 提前宣告和承诺策略

提前宣告和承诺是影响消费者预期的重要方式。在新技术投入使用之前，提前向用户和产业中的其他企业宣告将要推出新技术的消息，是企业经常采用的一种竞争手段，可以达到减缓竞争对手用户基数增长的作用。而且大肆宣扬其技术标准受欢迎的程度和未来的前景和其产品在现在和将来的普及，可以冻结对手的销售。Sun 在组成联盟支持 Java 的时候就大张旗鼓，在报纸上整版的广告列出 Java 联盟的公司名录，这显示出预期管理在网络效应很强的市场中的重要性。

在吸引顾客的时候一定要给以明确的承诺。如果顾客更担心锁定，而不太在乎现在就获得最好的条件，供应商可以使用承诺策略，让顾客确信自己在将来不会受到控制。这种方法要强调公司对将来产品界面"开放"的承诺。但是承诺"开放"是一种很微妙的生意手法，因为供应商最终还是想让顾客被锁定得更牢；

对销售者来说道理也是一样的。不要承诺比想提供的更多的开放。这对名誉的风险是非常大的，甚至还有法律风险。

8.3.6 锁定策略

产品的价值随着市场规模的扩大而增大，市场规模超过临界数量后，企业就可以获得超额利润。但是其中忽略了一个非常关键的问题，即兼容产品的存在。由于兼容产品构成的是同一个网络，虽然对网络企业来说，市场规模的扩大同样能减少平均成本，但是对消费者而言，不同兼容产品的相对效用的大小却与市场规模无关，而仅仅与产品内含的技术价值有关。如果技术差别不大，那么每个企业都只能得到零利润。另外，即使其他企业提供的是不兼容产品，企业也不一定就能赢利。譬如，考虑两个实力相近的企业，其产品的市场规模相差也不大，如果消费者能够不费任何代价地在不同的产品网络中自由转移，企业也不能获得超额利润。这时正反馈"失灵"了。

在兼容性网络中，企业需要运用一定的策略来构建或影响消费者的转移成本，这种策略叫锁定策略，其目的不仅在于锁定用户，还在于如何利用锁定使企业获得更高的利润。Shapiro 和 Varian（1999）认为影响锁定程度的转换成本主要有以下几类：合约成本、培训与学习成本、数据转换成本、搜寻成本和忠诚度成本等[190]。那么，转换成本的大小就决定了互补品生产商及用户锁定的程度，影响到他们与主体制造商在网络内的互动关系。

卡尔·夏皮罗（Carl Shapiro）与哈尔·瓦里安（Hal Varian）认为作为技术标准的供应者，处理锁定的基本策略应该应用以下三种关键原理[29]：

（1）投资。做好准备投资建立一个顾客安装基础。不愿意或不能够让步以获得锁定顾客的公司在竞争中占不到便宜。采用策略以尽可能小的成本建立顾客安装基础。计算出不同顾客的价值，并据此调整所提供的产品或服务。

（2）确立。公司或者联盟的目标应该是顾客的确立，而不仅仅是试用。对产品和促销进行设计，这样顾客就会继续向你的产品或服务投资，越来越依赖于你。在系统中加入特有的改进以延长锁定周期，并说服顾客在下一个品牌选择点继续选择你的产品。

（3）放大。通过向忠诚顾客出售互补产品，向其他供应商出售接触你的顾客的机会，使你的安装基础价值最大化。

对于具体锁定策略如何建立的问题，卡尔·夏皮罗（Carl Shapiro）与哈尔·瓦里安（Hal Varian）两人在其著作中有比较详细的论述[29]。他们认为，企业应当从以下几个方面着手实施锁定策略：

（1）通过促销或提供折扣，投资于用户基础的建立；

（2）培养有影响力和转移成本高的用户；

（3）对产品和定价进行设计，让顾客投资于企业的技术，以此提高他们的转移成本；

（4）采用忠诚客户计划，使企业的产品在客户的下一个品牌选择点具有吸引力；

（5）通过向客户出售互补产品，并向别人销售接入企业安装基础的机会，来使安装基础达到价值最大化；

（6）设定差别价格来获得锁定；

（7）提高搜索成本；

（8）控制周期长度等。

关于锁定策略需要注意两点。首先，锁定策略虽然也强调企业与客户间的关系，但与传统企业的客户关系策略不同，锁定策略直接从转移成本入手，构建足够高的转移成本，使用户无法"转移"到其他产品网络。其次，锁定策略是企业在产品的整个生命周期中都必须考虑的，而不能只在达到临界点后才予以关注。许多企业往往在达到临界点后才认识到锁定的重要性，他们占有很大的市场份额，却没有办法从中获利。也就是说，虽然锁定的功效只有在超过临界点后才显现出来，但是企业在临界点前就应当考虑这个问题。

8.4　本章小结

标准竞争是市场竞争发展至今的最高阶段。标准竞争阶段，企业围绕标准的设立和创新在标准平台上竞争，通过掌握标准来拥有垄断力量；竞争的核心是标准，竞争的手段是建立标准、控制标准。同时技术标准专利化趋势带来的一个重要问题是，如何处理技术标准的开放性要求与知识产权保护之间的矛盾。因此，有效的竞争策略、合理的知识产权定价和许可策略对标准的成功确立和扩散至关重要。为此，本章从快速反应策略、知识产权策略（包括标准形成过程中和扩散中的知识产权策略）和标准营销策略（包括定价、渠道、促销、品牌、预期管理和锁定策略）几个方面探讨了高新技术转化为技术标准联盟的竞争策略。

第 9 章 结论与展望

9.1 主要结论

本书借助模糊数学、博弈论、网络经济学、新制度经济学、技术经济学和现代管理学的理论与方法，较为系统深入地分析了高新技术转化为技术标准的潜力及运行机制。形成如下结论：

（1）为了更好地确定重点支持的高新技术转化为技术标准项目，需要科学的高新技术转化为技术标准潜力的评价标准和评价方法。为此，本书把 SWOT 分析方法引入高新技术转化为技术标准的潜力评价，借鉴 SWOT 分析的思想，构建高新技术转化为技术标准潜力评价的竞争性指标体系，并建立了高新技术转化为技术标准潜力评价的模糊综合评价模型，进行了基于 SWOT 的高新技术转化为技术标准策略分析。根据各个被评价项目的综合评价结果，可以分别选择主导型标准化策略、参与型标准化策略和有重点地跟踪采用国际标准策略。实证结果表明，基于 SWOT 的高新技术转化为技术标准潜力评价模型方法及策略分析，能够科学合理地对高新技术转化为技术标准的潜力大小作出定量评价，为实行不同的转化策略提供定量依据，从而可以更好地确定重点支持的高新技术转化为技术标准项目，具有科学合理性和可操作性。

（2）从国际趋势来看，高新技术转化为技术标准应该采用企业主导的模式。为此，本书首先界定了高新技术转化为技术标准的主体，包括企业主体和合作网络主体。然后，对高新技术转化为技术标准的动力因素进行系统分析，揭示了高新技术标准化发展的动力因素，包括利益驱动力，市场需求拉动力，市场竞争压力，科学技术推动力，由政府、标准组织、行业协会、中介机构等共同提供的硬件、软件平台支持力，消费者价值保障力；同时受到国际标准竞争、宏观经济发展水平和社会文化环境等宏观环境要素的影响。

（3）通过建立高新技术转化为技术标准的内部动力模型，运用斯特克尔伯格博弈模型和网络经济学理论定量分析了企业主体把高新技术转化为技术标准的内在动力以及联盟的动力；得出：企业在利润的驱动下，有把高新技术转化为技术标准的内在动力；为了尽快达到临界容量利用正反馈效应，同时为了减少高新技术转化为技术标准过程中的风险，企业之间有联盟进行技术标准化的动力。

（4）在对高新技术转化为技术标准动力机制运作机理分析的基础上，给出了高新技术转化为技术标准的动力机制：在环境因素的作用和影响下，来自于市场的需求拉引力和竞争压力、来自于科学技术的推动力和来自于政府及其他组织的支持力，都将直接或间接地转化为企业利益驱动力，成为高新技术转化为技术标准的动力源泉；高新技术转化为技术标准给消费者带来的价值则最终保障着高新技术转化为技术标准活动得以顺利进行。而成功的标准确立扩散活动又反作用于技术、市场、政府、环境，激发出新的创新需求。

（5）我国高新技术转化为技术标准应选择联盟标准化的模式。从技术标准联盟的特性、高新技术的特性、国外标准化模式经验和实现我国国际标准竞争策略几个方面分析得出，建立起基于企业联盟的技术标准化运行机制，是中国比较现实的选择。但成立技术标准联盟并不一定能够实现联盟标准确立与扩散的目的。关键问题是如何建立技术标准联盟，并促进联盟有效运行来达到成立联盟的目的。为此，应建立高新技术联盟标准化的总体运行机制。本书给出了总体运行机制的框架，其中包括联盟构建、联盟学习机制、联盟竞争策略、组织机制、沟通协调机制和利润分配机制等具体机制。

（6）高新技术转化为技术标准联盟是动态发展的，应采用分阶段构建的方法。高新技术转化为技术标准过程中，联盟伙伴的选择是联盟成功的关键，选择高质量的联盟伙伴是标准得到确立与扩散的前提条件之一。本书从产业演化的角度，把高新技术转化为技术标准联盟分为标准研发联盟、标准产品化联盟和标准产业化联盟三个阶段。标准化发展的阶段不同，工作重点不同，相应所需的联盟成员能力也不同。为此，本书建立了联盟伙伴选择的动态模型，分阶段设计了高新技术转化为技术标准联盟成员评价的指标体系，来解决联盟伙伴选择的问题。

（7）为了使技术标准尽快形成实现，高新技术转化为技术标准联盟需要建立知识学习机制。以圣吉的五项修炼为分析基础，根据学习型组织理论，结合联盟标准化过程的特殊性，本书认为联盟标准化中，学习机制的关键要素主要包括：联盟标准确立扩散、技术标准联盟学习机制影响因素、共享的知识资源、知识管理视角的技术标准联盟学习过程、系统思考和学习的氛围。从知识管理视角研究技术标准联盟学习过程，可以把联盟标准化的过程总结为：知识获取—知识共享—知识整合—知识创新—形成标准；技术标准联盟学习机制模型为：在知识资源共享的平台上，在学习机制影响因素的作用下，通过知识管理视角的技术标准联盟学习过程，实现联盟标准的确立扩散。实现学习机制有效运行的策略，具体包括改善心智模式、建立有利于联盟学习的结构、建立有利于联盟学习的激励制度、培育相互信任关系增强联盟间的社会资本、确立系统思考的理念、培育良好的学习氛围。

（8）为了使制定的标准尽快得到市场认可，被广泛应用，高新技术转化为技术标准联盟需要实行竞争策略。标准竞争是市场竞争发展至今的最高阶段。标准竞争阶段，企业围绕标准的设立和创新在标准平台上竞争，通过掌握标准来拥有垄断力量；竞争的核心是标准，竞争的手段是建立标准、控制标准。同时，技术标准专利化趋势带来的一个重要问题是，如何处理技术标准的开放性要求与知识产权保护之间的矛盾。因此，有效的竞争策略、合理的知识产权定价、许可策略对标准的成功确立和扩散至关重要。本书认为具体的竞争策略应包括快速反应策略、知识产权策略（包括标准形成过程中和扩散中的知识产权策略）、标准营销策略（包括定价、渠道、促销、品牌、预期管理和锁定策略）。

9.2　主要创新点

本书对高新技术转化为技术标准的潜力及运行机制进行了系统深入的研究。其主要创新点如下：

（1）引入 SWOT 分析方法，建立了高新技术转化为技术标准潜力评价的模糊综合评价模型并进行了实证研究，进行了基于 SWOT 的高新技术转化为技术标准策略分析；

（2）揭示了促进高新技术标准化发展的五种动力因素；建立了高新技术转化为技术标准的综合动力模式和内部动因模型，从定性与定量方面分析了企业主体把高新技术转化为技术标准的内在动力以及联盟的动力，给出各个利益相关者共同推进技术标准化的动力机制；

（3）在高新技术转化为技术标准模式选择分析的基础上，给出高新技术联盟标准化的总体运行机制框架；建立了联盟伙伴选择的分层互动模型，设计了高新技术转化为技术标准联盟成员评价的指标体系；

（4）从知识管理的角度出发，把联盟标准化的过程总结为：知识获取—知识共享—知识整合—知识创新—形成标准。给出技术标准联盟学习机制模型，分析了技术标准联盟学习机制有效运行的策略。

9.3 有待进一步研究的问题

高新技术转化为技术标准的研究是一个复杂的系统工程，其中涉及的领域很多。本书仅对高新技术转化为技术标准的几个关键和重要问题进行了研究，这些研究只能是一个阶段性的成果。今后，笔者将继续研究的几个主要问题是：

（1）本书对于高新技术转化为技术标准的研究，只在潜力分析和运行机制两个方面进行了深入的研究，高新技术转化为技术标准的其他重要问题，包括高新技术转化为技术标准过程中的知识产权问题、高新技术转化为技术标准对企业及国家竞争力的提升问题和高新技术转化为技术标准联盟间的关系管理等内容将是今后的研究领域。

（2）本书在高新技术转化为技术标准的运行机制研究方面，只对运行机制的联盟构建、联盟学习机制和联盟竞争策略进行了重要研究，其他机制，包括组织机制、沟通协调机制和利润分配机制等问题须进一步进行研究。

（3）高新技术转化为技术标准的实证和案例研究。由于我国高新技术领域与国外发达国家的差距，以及对标准化重要作用的认识不足，我国高新技术转化为技术标准的成功案例比较缺乏。随着我国技术研发能力的不断提高，标准化战略和重要技术标准推进工程的实施，我国会有更多的基于自主知识产权的高新技术转化为技术标准，这将为高新技术转化为技术标准的实证研究和案例研究提供基础。

参 考 文 献

［1］ Richard J. Forselius. A Holistic Approach to Management Systems Standards［J］. ASTM Standardization News, 2002（6）：55.

［2］ 李健. 国际技术标准竞争愈演愈烈，得"标准"者行天下［J］. 瞭望新闻周刊, 2002（10）：50～51.

［3］ 张勇刚，张素亮. 专利性技术标准：一种新的知识产权形态［J］. 建设科技, 2005（11）：61～64.

［4］ 互联网实验室. 新全球主义中国高科技标准战略研究报告［R］. 2004（07）：3.

［5］ 蒋正华. 在"国技术标准发展战略暨国家技术标准体系建设"高层论坛上的讲话［J］. 世界标准化与质量管理, 2003（11）：4～5.

［6］ Carl F. Cargill, Standardization：art or discipline［J］. 1998 IEEE：18～24.

［7］ Verman, Lal C. Standardization——A new discipline. Archon Books, The Shoe String Press Inc., Hamden, Connecticut, USA（1973）.

［8］ Gregory Tassey. Standardization in technology – based markets［J］. Research Policy, 2000, 29：587～602.

［9］ Robert H. Alien and Ram D. Sriram. The Role of Standards in Innovation［J］. Technological Forecasting and Social Change, 2000, 64（5）：171～181.

［10］ Paul A David and w Edward Steinmuller , stands, trade and competition in the emerging global information infrastructure environment［J］. Telecommunication policy, 1996, 20, (10): 817~830.

[11] Germon, C. , La normalisation, cle d'un nouvel essor, la documenta-
tion francais [R] . Report to the Organization for Economic Coopera-
tion and Development. OECD, Paris. 1986.

[12] Nicholas Economides ,The Economics of networks , Internationa [J] .
l Journal of Industrial Organization. 1996, 14: 673~699.

[13] M. A. Cusumano, Y Mylonadis, and R. Rosenbloom, Strategic maneu-
vering and mass – market dynamics: The triumph of VHS over Beta
[J] . Bus. Hist. Rev. , 1992, 66: 51~94.

[14] Farrell, J. , Saloner, G. , Coordination through committees and markets
[J] . Rand Journal of Economics 1988, 19: 235~252.

[15] Frank Vercoulen and Marc van Wegberg, Standard Selection Modes in
Dynamic, Complex Industries: Creating Hybrids between Market Selec-
tion and Negotiated Selection of Standards. NIBOR RM 1998
(6): 1~29.

[16] Bernadette M. Byrne , Paul A. Golder, The diffusion of anticipatory
standards with particular reference to the ISO/IEC information resource
dictionary system framework standard [J] . Computer Standards & In-
terfaces 2002, 24: 369~379.

[17] [美] Thomas A. Hemphill. Cooperative strategy and technology stand-
ards – setting: a study of U. S wireless telecommunications industry
standards development . 2005, 08.

[18] Falk v. Westarp, Tim Weitzel, Peter Buxmann and Wolfgang Konig. 信
息网络标准经济学研究 . http://www. vernetzung. de/b3.

[19] DTI CBI BSI , Public Discussion Document National Standardization
[J] . Strategic Framework. 2002, 9.

[20] Timothy. Duncan. Schoechle. 标准化工作的私营化发展——数字化
信息时代中知识的圈占现象和策略 . 2004.

［21］Ken Krechmer. Innovation and Legislation：Standardization in Conflict ［J］. Interuatioual Journal of IT Standards & Staudardizatiou Research，2005，3：86～88.

［22］Knut Blin，Nikolaus Thumm. Intellectual Property Protection and Standardization ［J］. International journal of IT Statcdards & Statcdardizatiotc Research. 2004（2）：61～75.

［23］Blind，K. The Impact of Technical Standards and Innovative Capacity on Bilateral Trade Flows，mimeo，Karlsruhe. 2000.

［24］KeilT. De－facto standardization through alliances－lesson from Blue tooth ［J］. Telecommunication policy，2002，（26）：205～213.

［25］Katz，M. and C. Shapiro. On the Licensing of Innovation ［J］. Rand Journal of Economics，1985，16（4）：504～520.

［26］Farrell，Joseph and Garth Saloner. Installed Base and Compatibility：Innovation，product preannouncement sandpredation ［J］. American Economic Review1986，76：940～955.

［27］Farrell，J. and N. Gallini. Second－Sourcingas Commiment： Monopoly Incentives to Attract Competition ［J］. Quarterly Iournal of Economics，1988，（103）：673～694.

［28］Garth Saloner. Collusive Price Leadership ［J］. Journal of Industrial Economics，1990，39（9）：93－110.

［29］CarlShapiro，HalR. Varian1 信息规则：网络经济的策略指导 ［M］.北京：中国人民大学出版社，2000.

［30］Axclrod R，Mitchell W，Thomasin R E，coalition formation in standard－Setting allianccs ［J］ Management Science，1995，41（9）：1493～1508.

［31］于欣丽. 标准化与经济增长——理论、实证与案例 ［M］. 北京：中国标准出版社，2008，7.

［32］彭北青. 我国实施标准战略中的若干重要问题探讨[J]．中国软

科学, 2003 (1): 34~37.

[33] 叶林威, 戚昌文. 技术标准战略在企业中的运用 [J]. 世界标准化与质量管理, 2003 (2): 13~15.

[34] 骆品亮, 金煜纯. 产品格式标准竞争战略的均衡分析 [J]. 研究与发展管理, 2002, 14 (6): 40~46.

[35] 焦叔斌. 创造事实标准的竞争战略 [J]. 中国标准化, 2000 (12): 63.

[36] 葛亚力. 技术标准战略的构建策略研究 [J]. 2003 (6): 91~96.

[37] 曾楚宏, 林丹明. 信息产业标准的竞争策略 [J]. 南方经济, 2002 (2): 70~71.

[38] 李太勇. 网络效应与标准竞争战略分析 [J]. 外国经济与管理, 2000, 22 (8): 7~11.

[39] 严清清, 胡建绩. 技术标准联盟及其支撑理论研究[J]. 研究与发展管理, 2007, 19 (1): 100~104.

[40] 张德荣. 信息产业技术标准之战中的市场策略 [J]. 信息技术与标准化, 2004 (4): 44~48.

[41] 钱春海, 郑学信. 网络外部性、用性资产与网络市场竞争的经济学分析——以中国移动产业为例 [J]. 中国软科学, 2003 (9): 49~54.

[42] 刘朝, 龙舟. 基于网络外部性的 IT 企业技术标准竞争策略选择研究 [J]. 科学管理研究, 2006, 24 (2): 19~23.

[43] 李波. 基于网络效应的标准竞争模式研究 [D]. 杭州: 浙江大学博士学位论文, 2004: 04.

[44] 李纪珍. 数字电视产业技术标准与政府作用比较 [J]. 科学学研究, 2003 (1): 47~50.

[45] 高世揖. 路径依赖、系统标准与公司战略 [J]. 经济社会体制比较, 1999 (3): 56~62.

[46] 吕萍, 李正中. 基于核心竞争力的标准竞争 [J]. 科技进步与对

策，2004（1）：7~9.

[47] 张平，马骁. 技术标准战略与知识产权战略的结合[J]. 电子知识产权，2003（1）：44~47.

[48] 王成昌. 企业技术标准竞争与标准战略研究［D］. 武汉：武汉理工大学博士学位论文，2004：05.

[49] 李键. 入世后我国技术标准战略的思考［J］. 科技成果纵横，2002（5）：17~20.

[50] 韩灵丽. 标准战略的法律研究［J］. 现代法学，2002，24（6）：114~118.

[51] 李贵宝等. 技术标准与科技研发协调发展的若干思考［J］. 中国水利水电科学研究院学报，2005（03）：27~31.

[52] 潘海波，金雪军. 技术标准与技术创新协同发展关系研究［J］. 中国软科学，2003（10）：110~114.

[53] 李玉剑，宣国良. 技术标准化中的公司专利战略［J］. 科技进步与对策，2005，05：86~88.

[54] 王黎萤，陈劲，杨幽红. 技术标准战略、知识产权战略与技术创新协同发展关系研究［J］. 中国软科学，2004，12：24~27.

[55] 李翕然，高晓红. 研发成果转化和技术标准研制的系统原理［J］. 科技进步与对策，2005（02）：7~9.

[56] 安伯生. 标准化战略的经济学分析［D］. 北京：中国人民大学博士学位论文，2004：04.

[57] 朱彤. 网络效应经济理论——ICT产业的市场结构、企业行为与公共政策［M］. 北京：中国人民大学出版社，2004年版，183~196；258~268.

[58] 代义华，张平. 技术标准联盟基本问题的评述［J］. 科技管理研究，2005（01）：119~121.

[59] 李再扬，杨少华. GSM：技术标准联盟的成功案例[J]. 中国工业经济，2003（07）：89~95.

［60］谭静. 论企业标准联盟的动机［J］. 决策借鉴，2000，13（5）：
7~9.

［61］李保红，吕廷杰. 技术标准的经济学属性及有效形成模式分析
［J］. 北京邮电大学学报（社会科学版），2005（04）：25~29.

［62］银纯泉. 高新技术成果转化理论与实证研究［D］. 重庆：西南
农业大学博士学位论文，2003.

［63］王雨生. 中国高技术产业化的出路［M］. 北京：中国宇航出版
社，2003（9）：2~4.

［64］顾海. 高新技术产业化论［D］. 南京：南京农业大学博士学位
论文，2000（4）：184~185.

［65］赵玉林. 高技术产业经济学［M］. 北京：中国经济出版社，
2004（5）：34.

［66］李晓鹏. 高新技术产业化的阶段特征与发展对策［J］. 科学管理
研究，1996（4）：51~53.

［67］王占第，徐涛. 标准化概述［M］. 北京：对外贸易教育出版
社，1987.

［68］David. P. A. Some new standards for the economics of standardization in
the information age［J］. 1987，24：321~343.

［69］Byme B M，Gokder P A. The diffusion of anticipatory standards with
particular reference to the ISO/IEC information resource dictionary
syetemframwork standard. Computer Standards and Interfaces，2002，
24（5）：369~379.

［70］De VriesDe Vries，Henk. Kwaliteitszorg zonder onbehagen［Quality
Management without uneasiness］. Buijten & Schipperheijn，Amster-
dam/KDI，Rotterdam，1999（9）：78~79.

［71］Klein J I Cross－licensing and antitrust law，address Before the Ameri-
can intellectual property law associations［EB/OL］D. www. usdoj
gov/atr/public/speeches/1118 htm，2004－04－16.

［72］朱晓薇．专利权与技术标准的冲突及其对策研究［D］．武汉：华中科技大学硕士学位论文，2003（04）：25～26.

［73］赵海武．数字音视频压缩技术、标准与应用研究［D］．上海：华东师范大学博士学位论文，2005（3）：17～21.

［74］Choh. Governance Mechanisms of Standard – Making in the Information Technology. in Proceedings of First IEEE1999 Conference on Standardization and Innovation in Information Technology, K. Jakobs（ed.），Aachen, Germany, 1999.

［75］Jaseph Farrel, Garth Saloner. Coordination through committees and markets［J］. RAND Journal of Economics. 1988, 19（2）：233～239.

［76］Shapiro, Richards. B, Rinow. M. Hybrid standards setting solutions for today's convergent Telecommunications market［J］. IEEE 2001: 348－351.

［77］李保红，吕廷杰．技术标准的经济学属性及有效形成模式分析［J］．北京邮电人学学报，2005，7（2）：25～38.

［78］陈锋．网络外部性条件下高技术企业技术标准控制策略研究［D］．长沙：湖南大学硕士学位论文，2005（09）：5～6.

［79］吕铁．论技术标准化与产业标准战略［J］．中国工业经济，2005（7）：43～491.

［80］韦海英．高技术企业技术标准合作网络中的主体互动研究［D］．长沙：湖南大学硕士学位论文，2005（09）：32～33.

［81］曾德明，方放，王道平．技术标准联盟的构建动因及模式研究［J］．科学管理研究，2007，25（1）：37～40.

［82］谢伟，赵志平．如何获取标准创造的价值［J］．科学学与科学技术管理，2005，26（8）：29～33.

［83］傅钢．标准：一把锋利的双刃剑［EB/OL］．http://www.cnipr.comzsydxslwqitat20030918－41861，2003－09－18.

［84］顾基发．评价方法综述．科学决策与系统工程［M］．北京：中

国科学技术出版社，1990：22~26.

[85] 水本雅晴. 模糊数学及其应用［M］. 北京：科学出版社，1988.

[86] 斯蒂芬·P·罗宾斯. 管理学（第七版）［M］. 北京：中国人民大学出版社，2004：1.

[87] 鲍玉昆，张金隆，孙福全等. 基于 SMART 准则的科技项目评标指标体系结构模型设计［J］. 科学学与科学技术管理，2003（2）：46~48.

[88] 信春华，丁日佳. 科技成果转化技术标准潜力评价指标体系设计［J］. 统计与决策，2007（03）：62~64.

[89] 帅旭，陈宏民. 市场竞争中的网络外部性效应理论与实践［J］. 软科学，2003（6）：65~69.

[90] 候婷，朱东华. 基于 SWOT 分析的创新项目技术评价与决策研究［J］. 科研管理，2006，27（4）：1~6.

[91] 张炯，叶元煦，张沈生. 创新项目的技术选择评价及其指标体系［J］. 经济体制改革，2003（2）：46~48.

[92] 杨锁强，樊建新，刘芳. 产业化技术项目评价指标的系统集成与综合评价模型的构建［J］. 研究与发展管理，2004，16（4）：63~70.

[93] 虞锡君. 产业集群内关键共性技术的选择——以浙江为例［J］. 科研管理，2006，27（1）：80~84.

[94] 王宏起，胡运权. 高新技术产品定量化认定指标体系研究［J］. 科研管理，2003（1）：116~122.

[95] 石善冲. 科技成果转化评价指标体系研究［J］. 科学学与科学技术管理，2003（6）：31~33.

[96] 张铁男，李晶蕾. 对多级模糊综合评价方法的应用研究［J］. 哈尔滨工程大学学报，2002：3.

[97] 秦寿康. 综合评价原理与应用［M］. 北京：电子工业出版社，2003：6.

[98] 刘善任，凌文辁. 德尔菲法在企业人力资源预测中的应用［J］.

企业经济，2003（2）：116～117.

［99］SaatyTL. TheAnalyticHierarchyProcess［M］. NewYork：McGraw – Hill，1980.

［100］曾建权. 层次分析法在确定企业家评价指标权重中的应用［J］. 南京理工大学学报，2004（2）：99～104.

［101］王新洲，史文中，王树良. 模糊空间信息处理［M］. 武汉：武汉大学出版社，2003.

［102］国际标准竞争策略研究课题组. 中国技术标准发展战略研究：国际标准竞争策略研究报告［R］. 2005.

［103］丁日佳，信春华. 科技成果转化为国际标准潜力的模糊综合评价模型［J］. 世界标准化与质量管理，2006（10）：33～35.

［104］Hill Charles W. L. Establishing a standard：Competitive strategy and technological standards in winner – take – all industries ［J］. Academy ofManagement Executive，1997，11（2）：7～25.

［105］芮明杰，巫景飞. 行业标准的营销策略研究：交易费用经济学的视角［J］. 中国工业经济，2003（4）：80～87.

［106］Giuseppina Passiante，Giustina Secundo. From geographical innovation clusters towards virtual innovation clusters：the Innovation Virtual System. 42th ERSA Congress，2002，（8）：27～31.

［107］Pfeffer，J. & Salancik，G. R. The External Control of Organizations：A Resource Dependence Perspective ［M］. New York：Harper & Row，1978.

［108］何尚伟. 竞争新手段——标准化及其优势［J］. 中国科技产业，2005（06）：59～61.

［109］Arthur，Brian W. Competing Technologies，Increasing Returns，and Lock – in by Historical Event ［J］. Tlae EcvuoTnic；al Juurual，1989，（mar）：116～131.

［110］Schilling，Melissa. Winning the Standards Race；Building Installed

Base and the Availability of Complementary Goods ［J］. EuruPean management Journal, 1999, 17 (3): 265~274.

［111］ 郭斌. 产业标准竞争及其在产业政策中的现实意义[J]. 中国工业经济, 2000 (1): 41~44.

［112］ 徐金发, 李波. 高新技术领域行业标准争夺分析 ［J］. 研究与发展管理, 2003, 15 (1): 7~12.

［113］ Katz Mchael L, Sharpio Carl. System Competition and Ntwork Effects ［J］. Journal of Ecvnumic Perspectives, 1994, 8 (2): 93~115.

［114］ 朱彤. 知识产权、技术标准与技术创新 ［A］. 中国工业发展报告 (2004) ［C］. 北京: 经济管理出版社, 2004.

［115］ 孙耀吾, 曾德明. 基于技术标准合作的企业虚拟集群: 内涵、特征与性质 ［J］. 中国软科学, 2005 (9): 98~105.

［116］ 张维迎. 博弈论与信息经济学 ［M］. 上海: 上海人民出版社, 1996.

［117］ 黄涛. 博弈论教程——理论、应用 ［M］. 北京: 首都经济贸易大学出版社, 2004: 05.

［118］ Katz, M. L. , &Shapiro, C. . Technology adoption in the presence of network externalities ［J］. Journal of Political Economy, 1986, 94 (4): 822~841.

［119］ Brynjolfsson, E. (1996). Network externalities in microcomputer software: an econometric analysis of the spreadsheet market ［J］. Management Science, 42, 1627~1648.

［120］ 余江, 方新, 韩雪. 通信产品标准竞争中的企业联盟动因分析 ［J］. 科研管理, 2004, 25 (1): 129~132.

［121］ Jacques Pelkmans, The GSM Standard Explaining a Success Story ［J］. Journal of European Public Policy, Special Issue, 2001: 432~453.

［122］ 任剑新. 企业战略联盟研究: 一个新型产业组织的典型分析

［M］. 北京：中国财政经济出版社，2003（12）：93～98.

［123］ 李大平，曾德明，张运生等. 软件业技术标准联盟的新产权契约关系解析［J］. 科学管理研究，2006，24（4）：30～33.

［124］ Michelle Egan. BANDWAGON OR BARRIERS? The Role of Standards in the European and American Marketplace. 1996.

［125］ Risto Sarvas Aura Soininen DIFFERENCES IN EUROPEAN AND U. S. PATENT REGULATION AFFECTING WIRELESS STANDARD-IZATION. International Technology and Strategy Forum Workshop on Wireless Strategy in the Enterprise：An International Research Perspective, Berkeley, USA. October 15～16, 2002.

［126］ Raluca Bunduchi, Robin Williams, Ian Graham. Between public and private—the nature of today's standards. Paper presented at the "Standards, Democracy and the Public Interest" workshop, August 25th, Paris, 2004.

［127］ Jason P Kitcat. Government and ICT Standards：An Electronic Voting Case Study. free e – democracy project, www. free – project. org.

［128］ 孙国强，关系、互动与协同：网络组织的治理逻辑［J］，中国工业经济，2003（11）：14～20.

［129］ 汪涛，徐岚，顾客资产与竞争优势［J］. 中国软科学，2002（1）：52～56.

［130］ 唐未兵，刘巍. 网络产业的联盟结构研究［J］. 中国工业经济，2004（5）：47～53.

［131］ 谭劲松，林润辉. TD – SCDMA 与电信行业标准竞争的战略选择［J］. 管理世界，2006（06）：71～84.

［132］ 孙耀吾，曾德明. 高技术企业集群虚拟化发展研究［J］. 湘潭大学学报（哲学社会科学版），2005（4）：74～78.

［133］ 梁静，余丽伟. 网络效应与技术联盟［J］. 科学学与科学技术管理，2000，21（6）：23～26.

［134］代义华. 信息产业中技术标准联盟的核心成员选择研究［D］. 成都：四川大学硕士学位论文，2006（5）：17～19；21～23.

［135］曾德明，华金科，孙耀吾. 基于技术标准的企业协作研发伙伴选择研究［J］. 科学学与科学技术管理，2005（11）：39～42.

［136］林莉. 基于知识活动系统理论的大学——企业知识联盟研究［D］. 大连：大连理工大学博士学位论文，2005（04）：36～37.

［137］杜义飞，李仕明. 产业价值链：价值战略的创新形式［J］. 科学学研究，2004（5）：552～556.

［138］卢少华. 动态联盟合作伙伴的选择过程与方法［J］. 系统工程理论方法应用，2003，12（2）：102～105.

［139］张淡飞. 信息产业技术标准联盟伙伴选择研究［D］. 长沙：湖南大学硕士学位论文，2006（3）：27～28；23～24.

［140］Geringer J M. Selection of partners for international joint venture［J］. Business Quarterly，1988，53（2）：31～36.

［141］袁磊. 战略联盟合作伙伴的选择分析［J］. 企业管理，2001（7）：23～27.

［142］Keith J E，Jachson D W. Crosby L A. Effects of alternative types of influence strategies under different channel dependence structure［J］. Journal of Marketing，1990，54：30～41.

［143］Tyler B B，Steensma H K. Evaluating technological collaborative cognitive modeling perspective［J］. Strategic Management Journal，1995，16：43～70.

［144］Brouthers K D，Brouthers L E，Wilkson T J Strategic alliances Choose your partners［J］. Long Range Planning. 1995，28（3）：18～25.

［145］汪忠，黄瑞华，张克英. 知识型动态联盟知识产权风险防范体系构建［J］. 研究与发展管理，2006，18（1）：90～96.

［146］卢燕，汤建影，黄瑞华. 合作研发伙伴选择影响因素的实证研究［J］. 研究与发展管理，2006，18（1）：52～58.

[147] 王崇鲁. 中国通信产业技术标准战略研究 [D]. 北京：北京邮电大学硕士学位论文，2005，03：16～20.

[148] 黄哲. 基于知识网络的协同知识创新联盟构建研究 [D]. 哈尔滨：哈尔滨工业大学博士学位论文，2005 (12)：52～53.

[149] 罗炜，唐元虎. 企业合作创新的原因与动机 [J]. 科学学研究，2001 (9)：91～95.

[150] 曾德明，伍燕妮，吴文华. 企业技术标准化能力指标体系的构建 [J]. 科技管理研究，2005 (8)：164～167.

[151] 范黎波，张中元. 基于网络的企业学习与治理机制 [J]. 中国工业经济，2006 (10)：106～112.

[152] Florens J C Slob, Henk J. Best Practice in Company Standardisation. ERIM Rerport Series Research In Management，2002，(9)：16～26.

[153] 陈锋. 网络外部性条件下高技术企业技术标准控制策略研究 [D]. 长沙：湖南大学硕士学位论文，2005：09.

[154] 李玉刚. IT 企业的知识管理与技术创新 [D]. 沈阳：东北大学博士学位论文，2005：07.

[155] 黄璐. 企业技术标准战略的基本框架 [J]. 经济管理与新管理，2003 (24)：17～19.

[156] 张钢. 企业组织创新过程中的学习机制及知识管理[J]. 科研管理，1999 (3).

[157] 戚永红. 知识管理：概念、框架与问题 [J]. 经济管理，2003 (12)：40～45.

[158] Jerez – Gomez, Pilar, Cespedes – Lorente, Jose and Valle – Cabrera, Ramon. Organizational learning capability: a proposal of measurement [J]. Journal of Business Research，2005，58：715～725.

[159] 韩维贺. 知识管理过程、IT 平台与企业绩效关系研究 [D]. 大连：大连理工大学博士学位论文，2006：03.

[160] 李东. 论知识管理中的组织创新 [J]. 中南工业大学学报（社

会科学版），1999（6）：142～145.

［161］Levinson N. S. , Asahi M. Cross－national alliances and interorganizational learning［J］. Organizational Dynamics, 1996, 54: 51～63.

［162］王艳. 基于技术联盟的企业技术学习影响因素研究［D］. 杭州：浙江大学硕士学位论文，2005（12）：64～67.

［163］马唯星. 麦肯锡的学习机制与知识管理［J］. 外国经济与管理，2002，24（9）：46～49.

［164］Davenport, T. H. , &Laurence P. , Working Knowledge: How Organizations Manage What They Know［M］. Harvard Business School Press, 1997.

［165］Grant, R. M. Prospering in Dynamically－Competitive Environments: Organizational Capability As Knowledge Integration［J］. Organization Science, 1996, 7（4）: 375～387.

［166］Nonaka, I. The Knowledge－Creating Company［J］. Harvard Business Review, 1991, Nov－Dec: 96～104.

［167］Nonaka, I. &Konno, N. , The Concept of 'Ba': Building A Foundation for Knowledge Creation［J］. California Management Review, 1998, 40（3）: 1～15.

［168］昊春玉，苏新宁. 各种"场"及其在知识创造过程中的作用［J］. 情报学报，2004，23（2）：247～250.

［169］Heeseok Lee, Byounggu Choi. Knowledge Management Enablers, Process, and Organizational Performance: An Integrative View and Empirical Examination［J］. Journal of Management Information Systems. 2003, 20（1）: 179～228.

［170］徐雨森. 企业研发联盟三维协同机制研究［D］. 大连：大连理工大学博士学位论文，2006（05）：85～88.

［171］疏礼兵. 团队内部知识转移的过程机制与影响因素研究——以企业研发团队为例［D］. 杭州：浙江大学博士学位论文，2006

（04）：58～63.

[172] 易凌峰. 知识视角的组织学习运行模式研究［D］. 上海：复旦大学博士后论文，2004：28～31.

[173] 彼得·圣吉. 第五项修炼——学习型组织的艺术与务实［M］. 上海：上海三联书店，1994.

[174] 林山，黄培伦. 论组织创新的学习机制［J］. 科学管理研究，2004，22（1）：23～27.

[175] 余雅风. U/I 合作创新中的学习过程与机制研究［D］. 北京：北京航空航天大学博士学位论文，2002（08）：81～103.

[176] 范黎波，张中元. 基于网络的企业学习与治理机制［J］. 中国工业经济，2006（10）：106～112.

[177] 任声策，宣国良. 专利联盟中的组织学习与技术能力提升——以 NOKIA 为例［J］. 科学学与科学技术管理，2006（9）：96～102.

[178] 弗朗西斯·赫瑞比著，郑晓明等译. 管理知识员工［M］. 北京：机械工业出版社，2000：287.

[179] ［德］迈诺尔夫·迪尔克斯等主编. 组织学习与知识创新［M］. 上海：上海人民出版社，2001.

[180] 孙圣兰，夏恩君. 突破性技术创新对传统创新管理的挑战［J］. 科学学与科学技术管理，2005（6）：72～76.

[181] 张平，马晓. 标准化与知识产权战略［M］. 北京：知识产权出版社，2002.

[182] Michael L. Katz and Carl Shapiro. How to license intangible property［J］. The Quarterly Journal of Ecpmpmics. August 1986.

[183] 余翔，詹爱岚. 基于专利开放的 IBM 专利战略研究［J］. 科学学与科学技术管理，2006（10）：81～84.

[184] 李再扬，杨少华. 移动通信技术标准化的国家战略与企业战略［J］. 科研管理，2005，26（4）：45～51.

[185] 王国才，龚国华. 网络产品标准竞争赶超策略研究［J］. 研究

与发展管理, 2005, 17 (3): 101~106.

[186] Melissa Schilling M. A. Technological leapfrogging: Lessons from the U. S. videogame industry. California Management Review, 2003, 45 (3): 6~32.

[187] Jaworski B J, Kohli A K, Sabay A. Market driven versus driving Markets [J]. Journal of the Academy of Markettin Science, 2000, 28 (1): 119~123.

[188] Roberts. John H. Develeping new rules for new markets [J]. Journal of the Academy of Markettin Science, 2000, 28 (1): 31~44.

[189] Andriew Lin. Inter – Firm Alliance during Pre – standardization in ICT Eindhoven Center for Innovation Studies [J] The Netherlands Working Paper. 2003~03.

[190] Shapiro, C. , and H. Varian. Information Rules: A Strategic Guide to the Network Economy [M]. Cambridge, MA: Harvard Business. South – Western Publishing Company, 1999.